Hollandsche Stoomboot Maatschappij
Holland Steamship Company

De vaart op het Verenigd Koninkrijk en West-Afrika

Een overzicht van het H.S.M. emplacement met links boven de Elmina van de S.M.N. en de Spaarnestroom. Op de Kop het ss Jela en rechts op de voorgrond de Grebbestroom.

Schutbladen: Illustraties uit een brochure van omstreeks 1949, waarin een aantal Amsterdamse rederijen vermeld staan met hun lijndiensten.

Hollandsche Stoomboot Maatschappij
Holland Steamship Company

De vaart op het Verenigd Koninkrijk en West-Afrika

Willem H. Moojen

Lanasta

Colofon

Hollandsche Stoomboot Maatschappij
De vaart op het Verenigd Koninkrijk en West-Afrika

Deel 2: De vloot

ISBN-10: 9086160069
ISBN-13: 9789086160068

NUR-code: 466
NUGI: 686

1e druk, september 2006

Deel 1: Rederijgeschiedenis

ISBN-10: 9086160026
ISBN-13: 9789086160026

Auteur: Willem H. Moojen

Vertaling Engels: Drs. M.A.G. Wennekers
Met dank aan Wendy Dyer

Opmaak en lay-out: Lanasta

Internet: www.lanasta.com

De afbeeldingen op de achterzijde van het boek zijn van:
Linksboven en onder collectie Willem H. Moojen; rechtsonder foto L.L. von Münching.

De uitgave van dit boek werd mede mogelijk gemaakt door financiële steun van:

Prins Bernhard Cultuurfonds

Stichting Dr Hendrik Muller's Vaderlandsch Fonds
Stiching Van der Weele - Schipper Fonds

Inhoud

De maatschappijvlaggen.

Overzicht van de emplacementen van de H.S.M. omstreeks 1914 met op de voorgrond de Rijnstroom en Waalstroom en daarachter de Texelstroom.

Voorwoord

De complete geschiedenis van de Hollandsche Stoomboot Maatschappij is beschreven in twee delen.
Deel 1 behandelt de rederijgeschiedenis vanaf de oprichting op 31 januari 1885 tot 1 oktober 1974, het moment waarop de rederij haar activiteiten moest staken.
De H.S.M. onderhield gedurende haar bijna 90-jarig bestaan lijndiensten op Engeland, Schotland, Ierland, IJsland en de Faeröer eilanden. Ook werd er gevaren op Denemarken en Frankrijk.
De H.S.M. voer bij aanvang met nog drie andere Nederlandse rederijen sinds 1920 onder de naam Holland West-Afrika Lijn ook op de westkust van Afrika.
In het eerste deel wordt uitvoerig ingegaan op de lijndiensten die de rederij onderhield, en de hevige concurrentie die zij daarbij ondervond tijdens haar bestaan, van zowel grote rederijen als reders met slechts één schip.
Ook wordt uitvoerig aandacht besteed aan het financiële wel en wee van de rederij.
De beide wereldoorlogen en de zware omstandigheden waaronder de bemannigsleden moesten varen en de verliezen van de schepen komen uitgebreid voorbij.
Ook de zware jaren met het faillissement van de rederij en de doorstart komen uitgebreid aan het licht.
De wederopbouw en de jaren na de Tweede Wereldoorlog laten zien welke weg de rederij wilde inslaan. Nieuwbouw van schepen met koelinstallaties, het vervoer van containers en het Ro-Ro vervoer.
Ook volgen we uitgebreid de Holland West-Afrika Lijn vanaf de eerste afvaart naar dit Werelddeel tot het moment waarop de door de H.W.A.L onderhouden diensten integreren in het bedrijf van de N.V. Vereenigde Nederlandsche Scheepvaartmaatschappij.
We zien de primitieve omstandigheden bij aanvang van de lijndienst waarop de schepen hun lading moesten lossen of innemen. Maar verbeteringen werden doorgevoerd zowel op de schepen als aan de wal en kwam er een een vrij geregeld passagiersvervoer tot stand.
We zien dat de H.S.M. in de periode dat zij op de westkust van Afrika voer dit nu al tot een historisch gebeuren mag worden beschouwd. Niet dat de vaart op West-Afrika niet meer bestaat maar wel de vorm waarin het plaatsvond met het vaak op de rede lossen en tijdens de gehele rondreis het aan boord hebben van Kroo-boys.

Dit deel behandelt alle schepen die voor de rederij gevaren hebben in een zeer uitgebreide vlootlijst. Ook de charterschepen welke met een "*Stroom*"-naam hebben gevaren komen voorbij. Tevens zijn de sleepboten en directievaartuigen in dienst van de H.S.M. opgenomen, zoals ook de schepen van Noordzee Veerdiensten/North Sea Ferries in de korte periode dat de H.S.M. daarbij betrokken was.

Brochure uit eind jaren '40 met aanloophavens en agentschappen.

Dit tweede deel bevat ook een korte samenvatting van de geschiedenis van de Hollandsche Stoomboot Maatschappij zowel in de Nederlandse als Engelse taal.
Ook wordt net als in deel 1 kort aandacht besteed aan Noordzee Veerdiensten/North Sea Ferries.
Meer dan 575 illustraties sieren dit boek waarvan het merendeel nooit is gepubliceerd. Ook de algemene plannen van veel van de H.S.M. schepen geven het boek een meerwaarde.

Bij het schrijven en samenstellen van deze twee delen kon ik een beroep doen op velen, die mij behulpzaam waren met informatie of illustraties. Veel dank ben ik hen dan ook verschuldigd.
Speciale dank gaat uit naar de heer Dirk Swierstra die mij bij aanvang heeft geholpen met het verstrekken van gegevens, en een groot deel van het typewerk voor zijn rekening heeft genomen. Ook gaat dank uit naar de heer Marien Lindenborn, voor het kritisch nalopen van de eerste opzet van het manuscript en vele zeer belangrijke gegevens en informatie. Deze dank geldt ook voor de heer Martin Heere, voor de prachtige gouache die hij heeft vervaardigd voor de omslag van het eerste boek. Maarten Platje maakte het prachtige schilderij van de Congostroom, die de omslag van dit boek siert.
Dit geldt ook voor de heer Jan Nierop (Scheepvaart Museum Nierop) die spontaan zijn fotoverzameling beschikbaar stelde. Ik heb hier gretig gebruik van gemaakt.
Dank gaat ook uit naar Merije Wennekers voor de Engelse vertaling.
En speciale dank voor Heleen, die al die jaren de vele telefoongesprekken heeft moeten aanhoren die ik voerde met mensen, en de uren die ik besteed heb aan het tot stand komen van dit boek. Ook heeft zij een gedeelte van het typewerk voor haar rekening genomen.
Ik hoop dat deze twee delen van de H.S.M. hun weg zullen vinden naar vele ex-HSM'ers, maritiem geïnteresseerden en andere belangstellenden en dat zij het met plezier zullen lezen en raadplegen.

Willem H. Moojen

Beverwijk, augustus 2006

De Grebbestroom en Eemstroom in de Binnenhaven midden jaren '50.

De Lingestroom liggend voor de London Bridge bij Fresh Wharf.

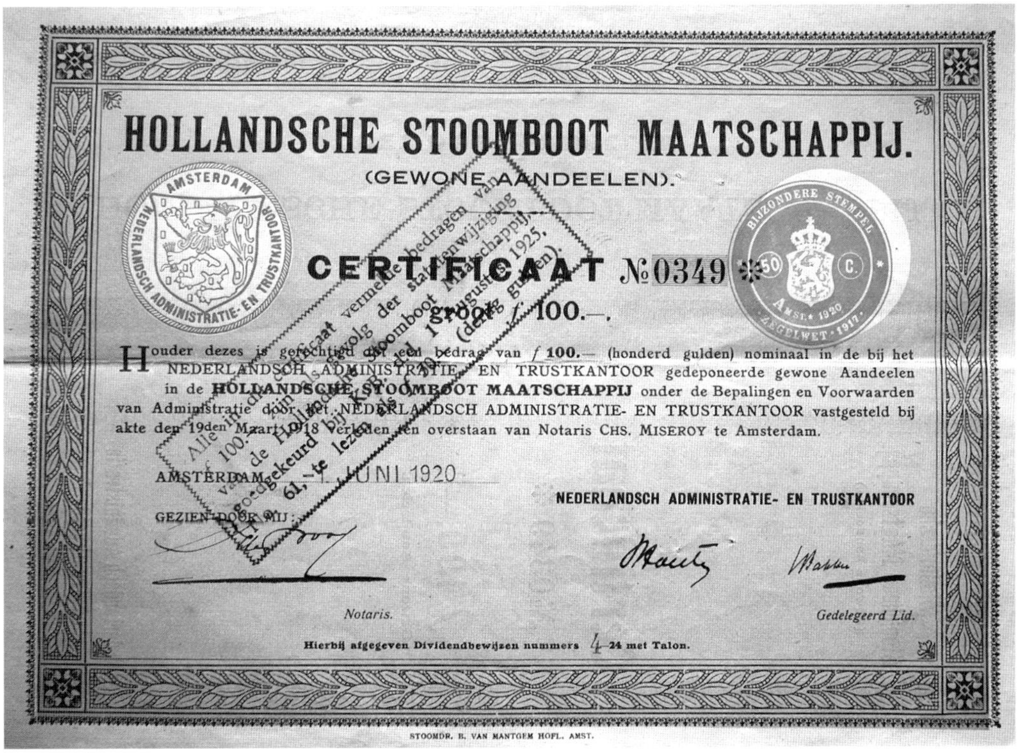

HOLLANDSCHE STOOMBOOT MAATSCHAPPIJ.

(GEWONE AANDEELEN).

CERTIFICAAT №0349

groot f 100.—.

Houder dezes is gerechtigd tot een bedrag van f 100.— (honderd gulden) nominaal in de bij het NEDERLANDSCH ADMINISTRATIE- EN TRUSTKANTOOR gedeponeerde gewone Aandeelen in de HOLLANDSCHE STOOMBOOT MAATSCHAPPIJ onder de Bepalingen en Voorwaarden van Administratie door het NEDERLANDSCH ADMINISTRATIE- EN TRUSTKANTOOR vastgesteld bij akte den 19den Maart 1918 verleden ten overstaan van Notaris CHS. MISEROY te Amsterdam.

AMSTERDAM, -1 JUNI 1920

NEDERLANDSCH ADMINISTRATIE- EN TRUSTKANTOOR

GEZIEN DOOR MIJ:

Notaris. Gedelegeerd Lid.

Hierbij afgegeven Dividendbewijzen nummers 4-24 met Talon.

STOOMDR. B. VAN MANTGEM HOFL. AMST.

Aandeel certificaat van de H.S.M. uit juni 1920.

De op weg naar Leith zijnde Amstelstroom ziet de thuisvarende Texelstroom voorbij komen.

1 *Korte geschiedenis van de N.V. Hollandsche Stoomboot Maatschappij*

De meest bekende rederij die van Amsterdam op het Verenigd Koninkrijk voer, was de Hollandsche Stoomboot Maatschappij. Deze rederij voer bijna negentig jaar op Engeland - Ierland - de Faröereilanden en IJsland. Ook werd er gevaren op Denemarken en Frankrijk. De rederij voer ook vijftig jaar op West-Afrika.

De eerste jaren

Na verschillende pogingen van andere rederijen een lijndienst te beginnen op Londen welke allemaal door tegenvallende resultaten in een vroegtijdig stadium gestaakt moesten worden, werd er door toedoen van de Nederlandsche Stoomboot Maatschappij een nieuwe poging ondernomen. Deze poging leidde tot de oprichting van de Hollandsche Stoomboot Maatschappij.
De Nederlandsche Stoomboot Maatschappij kreeg hierbij hulp van De Hollandsche IJzeren Spoorweg Maatschappij, de Nederlandsche Handel-Maatschappij en de firma Wed. W. Borski (effectenhuis).
De oprichting van de H.S.M. geschiedde op 31 januari 1885 ten kantore van notaris J.C.G. Pollones te Amsterdam. De rederij stelde zich ten doel een geregelde lijndienst te onderhouden tussen Amsterdam en Britse havens. Het startkapitaal bedroeg *f* 600.000,- verdeeld in 600 aandelen van duizend gulden.
De N.S.M. bracht haar ss *Fijenoord* in, welke korte tijd later werd herdoopt in *Ystroom*.
De rederij zou al haar schepen een "*Stroom*"-naam geven, met uitzondering van de schepen die op de Holland West-Afrika Lijn voeren, die vanaf 1957 een "*Kust*"-naam kregen.
De eerste afvaart naar Londen met de *Ystroom* vond plaats op 14 april 1885 met een lading stuk-

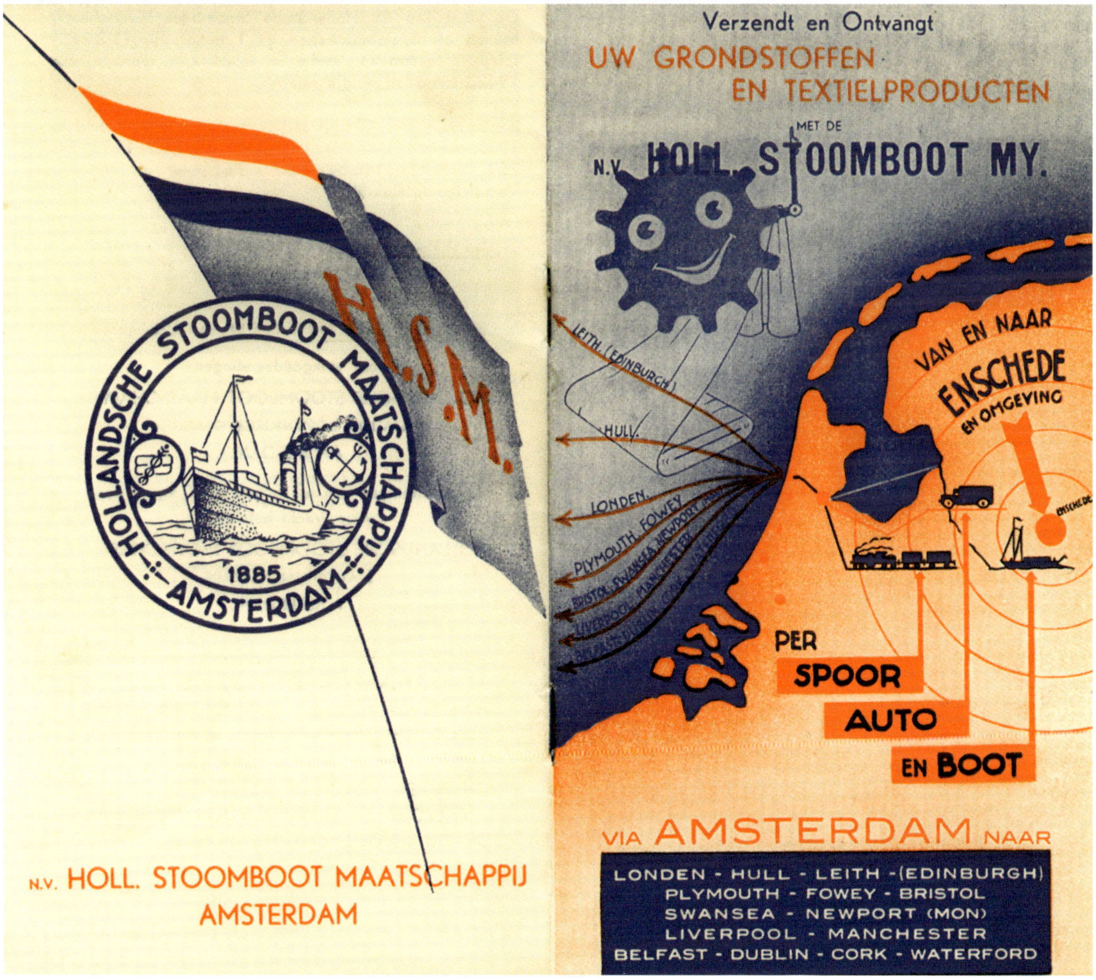

Brochure uit 1936 met informatie over de maatschappij, naar een ontwerp van Moriën & Beck.

De Rijnstroom op de rivier Avon op weg naar Bristol.

goed en levende schapen. De ligplaats van de schepen te Londen was aan de Fresh Wharf aan de noordzijde van de Thames bij Londen Bridge. Hier zouden de schepen tot 1 juli 1927 behandeld worden. Meteen was er al een tegenslag, want de *Ystroom* werd op 7 oktober 1885 op de thuisreis aangevaren op de Thames door het Britse ss *Imbro* waardoor het geruime tijd buiten dienst was. Mede door concurrentie was er het eerste jaar geen winst te zien.

De H.S.M. zou gedurende haar hele bestaan te maken hebben met concurrentie en tegenwerking van hoofdzakelijk rederijen uit Nederland en Engeland, die allemaal probeerden nieuwe afzetgebieden te vinden of deze te verstevigen. Met enkele, zoals de General Steam Navigation Company uit Londen, zou de verstandhouding altijd goed blijven, maar met sommige andere rederijen zou de H.S.M. tot aan het einde van haar bestaan in conflict blijven.

De eerste jaren waren moeilijk en gaven alleen maar een verlies te zien, maar daarna ging het wat beter. Na de indienststelling van het eerste schip kwam het tweede schip ook vrij snel in de vaart, maar het zou tien jaar duren voor er weer een nieuw schip aan de vloot werd toegevoegd. Dit nieuwe schip, de *Zaanstroom*, betekende dat er ook meteen een nieuwe lijndienst werd geopend op Hull. Tot aan de Eerste Wereldoorlog zou de rederij nieuwe lijndiensten openen op de zuidkust van Engeland, en Bristol en een dienst op Leith in Schotland. Ook begaf zij zich op het vervoer van pek. Voor dit vervoer werden er drie speciale schepen aangekocht, omdat de rederij haar nieuwe schepen niet op deze dienst wilde inzetten. Koolteerpek is een afvalproduct van steenkoolgasfabrieken en een zeer vuile lading. De drie aangekochte schepen waren allemaal wat ouder en gebouwd op Britse werven. Het pek dat werd aangevoerd vanuit de plaatsen Beckton en Silvertown aan de Thames werd bij aankomst in de Amsterdamse haven per houweel uit het schip gehakt en was bestemd voor Duitse brikettenfabrieken. Het pekvervoer heeft maar kort geduurd, van 1899 tot 1904. Het aantal vervoerde tonnen liep van 56.000 bij aanvang terug tot 12.000 ton waarop werd besloten de dienst te staken. In 1897 kreeg de rederij een tegenslag te verwerken, het ss *Ystroom* werd op de Noordzee aangevaren door het Britse ss *Bittern* en zonk binnen 15 minuten. Hierbij kwamen twee passagiers om het leven. Het schip werd vervangen door een nieuw schip, wat met veel vertraging in 1898 in de vaart kwam. In 1898 werd er ook een dienst geopend op Southampton, Plymouth, Fowey, Bristol en Swansea. Hierdoor ontstond er een directe verbinding op de zuidkust van Engeland en de havens in het Bristol Kanaal aan de oostkust. Dit leverde meteen weer een flinke concurrentiestrijd op, die de nodige financiële offers kostte. De dienst werd echter enthousiast ontvangen door de Amsterdamse handel, omdat ze een rechtstreekse invoer mogelijk maakte van antraciet en blik uit Wales en China klei uit Cornwall. Het vervoer van China klei zou lange tijd een belangrijk deel van de omzetresultaten van de H.S.M. uitmaken. De eerste afvaart in deze dienst was op 1 mei 1899. Op 26 juni 1901 werd de *Vreede* varend in het pekver-

voer op de Noordzee aangevaren en ging verloren. Het werd vervangen door een schip dat dezelfde naam kreeg. In 1903 was er weer een verlies te melden. De *Vrijheit,* ook aangekocht voor het pekvervoer, strandde op 26 januari op de Noord-Hollandse kust. Datzelfde jaar op 20 augustus ging ook de tweede *Vreede* verloren. Het werd op de rivier de Usk aangevaren en zonk binnen vijf minuten in de haven van Newport. Ook was er weer de nodige concurrentie te vermelden, maar toch werd er met sommige lijnen gesproken over een bepaalde manier van samenwerking, wat resulteerde in een Pool waarin men elkaar vond. Op 26 mei 1908 werd door de H.S.M. een organisatie opgericht onder de naam British Amsterdam Maritime Agencies Ltd. te Londen met als doel de H.S.M. ter plekke als agent te vertegenwoordigen. Later zouden andere plaatsen in Engeland volgen. De B.A.M.A. zou tot het einde van de H.S.M. actief blijven. Het jaar 1911 bracht de nodige problemen voor de H.S.M. Zowel in Nederland als in Engeland waren er langdurige bootwerkersstakingen gedurende de zomer. Met de grootste moeite gelukte het de H.S.M. de diensten in stand te houden, wat natuurlijk ten koste ging van de financiën. Ook ging er weer een schip verloren. De *Zaanstroom,* die van Fowey op weg was naar Amsterdam, raakte tijdens een zware storm op 21 december 1911 in het Engelse Kanaal lek en zonk. Hierbij kwam een bemanningslid om het leven.
De komende jaren waren de exploitatieresultaten van de rederij gunstig te noemen.

De Eerste Wereldoorlog

Op 28 juli 1914 brak de Eerste Wereldoorlog uit, en het was maar al te duidelijk dat de H.S.M. de nodige problemen zou ondervinden met haar geregelde vaart op Engeland. De Noordzee zou immers een van de strijdtonelen zijn in de vijandelijkheden tussen de oorlogvoerende landen. Bij het uitbreken van de oorlog had de H.S.M. 11 schepen in de vaart, waarvan er vijf deze oorlog niet overleefden. Het eerste slachtoffer was de *Zaanstroom* (II) van 1913, die op 18 maart 1915 op weg naar Londen op de Noordzee werd aangehouden door de Duitse onderzeeboot *U 28*. Daarop werd er koers gezet naar Zeebrugge en op 1 juni werd het schip tot krijgsbuit verklaard. Het volgende verlies betrof de *Texelstroom* op 6 oktober 1915, het grootste schip van de maatschappij. Op weg van Swansea naar Amsterdam liep het op een mijn, vier mijl van het *Galloper* lichtschip ter hoogte van Sheerness en zonk. De bemanning werd gered. Op tweede paasdag 24 april 1916 raakte de maatschappij een derde schip kwijt. Dit schip, de *Berkelstroom,* was op weg naar Londen toen het op 79 mijl van IJmuiden werd aangehouden door een Duitse onderzeeboot. De bemanning kreeg vijf minuten om het schip te verlaten en ging in de reddingsboten. De *Berkelstroom* werd intussen door de Duitse onderzeeboot *UB 29* met springladingen tot zinken gebracht. Het was nog geen acht maanden in dienst geweest. Het volgende verlies betrof de *Waalstroom,* die op een mijn liep op 27 juni 1916

De Vliestroom, hier liggend in de Binnenhaven, kwam onder Britse vlag.

Op weg naar Hull, zien we de Grebbestroom tussen de pieren van IJmuiden in 1962. De oploper is de Camerounkust van de S.M.N.

De Grebbestroom in het Albert Dock te Hull in 1961.

Aanmeren van de Grebbestroom in Amsterdam met rechts matroos Lübbert.

op de Noordzee toen het schip op weg was van Swansea naar Amsterdam. Deze mijn was gelegd door de Duitse onderzeeboot *UC 6*. De bemanning werd gered.
Dat het begrip "neutraliteit" in tijd van oorlog een zeer betrekkelijke waarde heeft, dat ondervond de *Amstelstroom*. Na geregeld te zijn ingezet op de zuidkust van Engeland was het schip voor de eerste keer op weg naar Londen. Het was geladen met stukgoed, levensmiddelen en een grote partij vis. Op 23 maart 1917 werd het op ongeveer 50 mijl N.W. van IJmuiden 's nachts beschoten door kanonvuur van 3 Duitse torpedoboten. Het schip raakte hierbij zwaar beschadigd en ook de kaartenkamer raakte in brand. De bemanning slaagde erin het schip te verlaten. Zij werden later opgepikt door twee loggers die hen in IJmuiden en Hoek van Holland aan land zetten. Bij deze ramp kwamen drie bemanningsleden om. De *Amstelstroom* werd op 27 maart nog drijvende aangetroffen maar door de Duitse onderzeeboot *UB 10* tot zinken gebracht. Alle diensten werden door dit ongeval voorlopig gestaakt en pas in augustus hervat. Het varen werd echter steeds moeilijker: de gevaren op zee, de lange reisduur en de hoge assurantie die betaald moest worden voor het verzekeren van de schepen. Op 25 maart 1918 werden drie schepen gevorderd krachtens het zogenoemde Angarierecht. Deze schepen, de *IJstroom*, *Vliestroom* en *Scheldestroom*, kwamen onder Britse vlag en werden beheerd door The Shipping Controller. In april 1919 kwamen ze weer terug in de vloot. De H.S.M. verloor 9.419 ton aan ladingcapaciteit door de verloren schepen. Tijdens de oorlogsjaren werd meer dan 1.062.071 ton aan goederen vervoerd. Ondanks alle oorlogsperikelen werd er naar aanleiding van het exploitatieresultaat in 1918 een dividend van 15% uitgekeerd. Men kan concluderen, zonder op de financiële gegevens in te gaan, dat de H.S.M. tijdens de oorlog er financieel goed doorheen is gekomen. Er werden flinke winsten gemaakt en de uitgekeerde dividenden tijdens deze jaren waren niet kinderachtig.

De Maasstroom voer 35 jaar voor de H.S.M.

De jaren twintig en dertig en de crisis

Na de oorlog pakte men de draad weer op, vlootvernieuwing, expansie van het bedrijf en het herstellen van oude lijndiensten en openen van nieuwe. Zo werd er onder andere een lijndienst

Aankomst van de Amstelstroom te Bristol, medio 1960.

De Texelstroom met gesloten accommodatie onder de brug..

Accommodatieplan van de Reggestroom

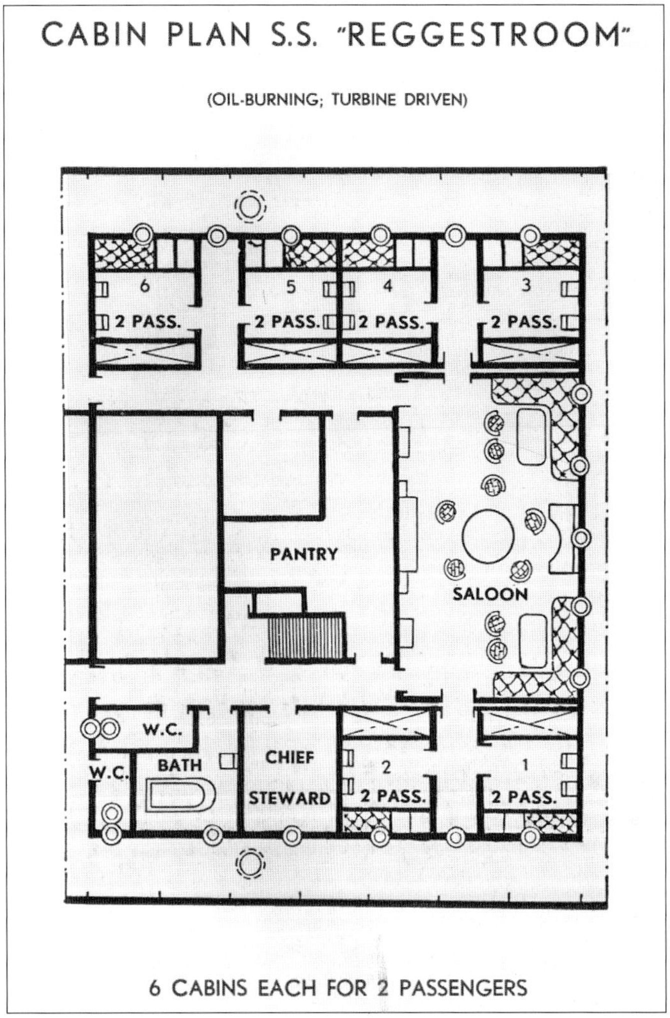

geopend op Le Treport en Duinkerken in Noord-Frankrijk, Liverpool en Belfast in Noord-Ierland. Ook opende de rederij een lijndienst op West-Afrika na eerst enige charterreizen te hebben gemaakt in opdracht van de Nederlandse regering. Daarbij bleek al spoedig dat daar een enorme behoefte bestond aan scheepsruimte, en dat de vrachten zeer aantrekkelijk waren. Dit leidde tot de oprichting van de Holland-West-Afrika-Lijn in samenwerking met aanvankelijk twee andere rederijen. Later sloten andere rederijen zich hierbij aan en trokken eerder deelnemende rederijen zich weer terug. De H.W.A.L. voer in het begin met schepen van de eigen deelnemende partners en charterschepen, maar liet later ook eigen speciaal voor deze dienst ontworpen schepen bouwen. Ook had deze lijndienst een eigen schoorsteenmerk en rederijvlag.

De prognoses na de oorlog waren aanvankelijk gunstig gestemd wat betreft het herstellen van de wereldhandel, maar de wereldmarkt stortte sneller in dan men had voorzien. Teveel schepen werden er in korte tijd gebouwd, voornamelijk in de neutrale landen en de Verenigde Staten, en de vrachtenmarkt kelderde in de hele wereld. Monotaire problemen en deflatie veroorzaakten een verdere inzinking. Dit zou enkele jaren aanhouden. Omdat er de afgelopen jaren te weinig was afgeschreven en teveel dividend was uitgekeerd, moest er zelfs een bouwcontract voor een nieuw schip worden afgekocht. Het exploitatieresultaat over 1921 was dan ook verliesgevend. Dit zou nog vele jaren aanhouden en tot 1936 zou er zelfs geen dividend meer worden uitgekeerd.

De jaren tot aan de Tweede Wereldoorlog kenmerkten zich door de vele concurrentie die de H.S.M. moest dulden op haar lijnennet. Een van de rederijen waar de H.S.M. mee in conflict was, was de British & Continental Steamship Co. (Briticon) uit Liverpool. Dit resulteerde in een scherpe tarievenstrijd en een verlaging van de vrachtkosten die nauwelijks dekkend waren te noemen. Later zou het tot een vergelijk komen tussen beiden.
Ondanks dat het een moeilijke tijd was en de zwaarste jaren zelfs nog moesten komen tijdens de crisis van de jaren dertig, liet de maatschappij toch nieuwe schepen bouwen om de scheepsruimte op te vullen die door de oorlogsverliezen was ontstaan. Ook werden er schepen aangekocht, maar ook verkocht om plaats te maken voor nieuwbouw op de H.W.A.L. Een speciaal gebouwd schip voor deze dienst was de *Jaarstroom* die in oktober 1922 in de vaart kwam, niet lang daarna gevolgd door de *Reggestroom* die 15 mei 1923 in de vaart kwam. Deze schepen waren, samen met de *Yselstroom,* vanwege hun uitrusting bijzonder geschikt voor de vaart op West-Afrika. Het uitgebreide laadgerei van deze schepen kwam bijzonder goed van pas met het laden en lossen van de lading, speciaal op de rede. Om over nog beter uitgeruste schepen te beschikken voor deze vaart besloot de maatschappij drie schepen over te nemen van de Stoomvaart Maatschappij Nederland. Nieuw waren ze zeker niet, maar gezien de ontwikkeling op deze dienst een welkome aanvulling op de tonnage. In 1924 kwam de *Scheldestroom,* en in 1926 de *Eemstroom* en *Ystroom,* in de vaart. Helaas verloor de maatschappij ook een schip op deze dienst. De *Yselstroom,* die op weg was van Lagos in Nigeria naar Amsterdam, liep 29 september 1925 op de rotsen van Swallow Rocks, aan de zuidwestkust van Liberia. Het schip kon niet worden behouden en zonk op 2 oktober 1925. Vanaf 1 juli 1927 veranderde de H.S.M. haar ligplaats voor haar schepen te Londen. Voortaan werden de schepen behandeld bij Fennings Wharf aan de zuidzijde van de Thames nabij London Bridge.
Zoals eerder aangegeven zou de H.S.M. zware jaren tegemoet gaan. In 1933 waren de resultaten zo slecht, dat surseance van betaling moest worden aangevraagd. Deze werd toegewezen zodat op 18 oktober 1933 de H.S.M. onder bewindvoering werd gesteld. Omdat niet tot overeenstemming kon worden gekomen met de obligatiehouders, werd het surseanceverzoek op 1 februai 1934 ingetrokken, waarna dezelfde dag het faillissement van de H.S.M. werd uitgesproken. Op 14 april 1934 werd er toch een akkoord bereikt met de obligatiehouders, waarna op 9 mei

De vuurtoren van Beachy Head kende haast elke H.S.M. gezagvoeder.

De Hontestroom ladend in de Binnenhaven te Amsterdam, ging helaas verloren voor de H.S.M.

Boven: De Vechtstroom te Bristol in 1960, klaar voor vertrek.

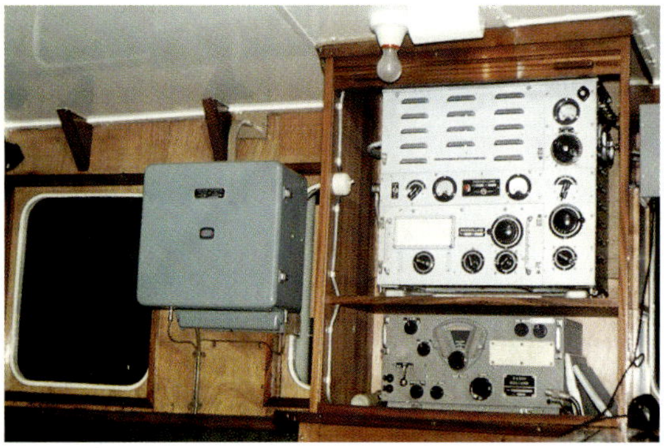

Links: Radio-telegrafie installatie van de Vechtstroom, 1960.

Rechts: De Vechtstroom varend in het Manchester Ship Canal in 1961 op weg naar Runcorn.

Beide foto's rechts: De Vechtstroom op de rivier Avon in 1961.

De Vechtstroom te Bristol in 1961, op de achtergrond de Clifton Suspension Bridge.

De Hontestroom passeert de Hembrug bij Zaandam.

De Zaanstroom op de uitreis.

Glaswerk in gebruik bij de H.W.A.L.

De Rynstroom voor de wal aan de Handelskade met daarachter de Vliestroom, werd getorpedeerd op 2 maart 1940.

het faillissement werd opgeheven. De H.S.M. was weer op de rails. De vrachtenmarkt was nog steeds slecht vanwege de crisis en het zou nog tot medio 1936 duren voor er weer enige hoop te bespeuren viel voor de maatschappij. Tot die tijd deed men er alles aan om de kosten zo veel mogelijk binnen de perken te houden. De H.S.M. verloor tijdens de crisisjaren nogal wat aan tonnage, of door verkoop of vanwege sloop. Er verdwenen vanaf 1930 tot medio 1936 negen schepen uit de vloot met een bruto tonnage van 20.459 en een draagvermogen van 31.732 ton. Qua scheepsruimte had de H.S.M. dus het nodige moeten inleveren. De vloot bestond eind 1936 nog uit tien schepen met een bruto tonnage van 13.951 en een draagvermogen van 20.616 ton dat nagenoeg gelijk is aan de bruto tonnage die de H.S.M. kwijtraakte. Langzamerhand begon het tij te keren voor de H.S.M. en begon de vrachtenmarkt iets aan te trekken, maar het was van korte duur. Internationale spanningen hielden de handel binnen beperkte grenzen en een volgende Wereldoorlog stond voor de deur.

Vlak voor de Tweede Wereldoorlog uitbrak kwam er nog een prachtig schip voor de H.W.A.L. in de vaart. Dit schip, de *Nigerstroom,* met in het begin accommodatie voor 24 passagiers 1e klasse, zou haar mooie zwarte romp en witte opbouw al gauw gaan verwisselen voor haar oorlogsoutfit in egaal grijs. Tijdens de oorlog heeft het schip de hele wereld overgevaren en zou pas terugkeren in haar thuishaven na ruim 5 jaar en 9 maanden.

De Jaarstroom vlak na de oorlog, nog met reddingsvlotten.

Tweede Wereldoorlog

Aan het begin van 1940 bestond de vloot van de H.S.M. uit 11 schepen met een totaal draagvermogen van 26.785 ton. Voordat de oorlog daadwerkelijk in Nederland uitbrak, raakte de maatschappij al een schip kwijt. De *Rynstroom,* die op weg was naar Amsterdam, werd op 2 maart 1940 getorpedeerd door de Duitse onderzeeboot *U 17,* waarbij de gehele bemanning van 12 koppen omkwam. De H.S.M. zou deze oorlog door toedoen van de Duitse agressor nog vijf schepen kwijtraken. Op het moment van uitbreken van de oorlog in Nederland op 10 mei 1940 lagen er vijf schepen in Amsterdam, die allemaal konden ontsnappen en veilig Engeland bereikten. Drie schepen stonden op stapel of waren in afbouw. Deze werden allen door de Duitsers in beslag genomen en kwamen in dienst van de Kriegsmarine. Na de oorlog kwamen deze schepen weer in de vaart voor de H.S.M. De overige schepen kwamen in Engeland onder toezicht van The Netherlands Shipping and Trading Committee, die ze op haar beurt weer verhuurde aan de Engelse regering. Dat het varen weer moeilijk zou worden en de risico's alsmaar groter werden door mijnengevaar en aanvallen van duikboten moge duidelijk zijn. Ook kreeg de H.S.M. weer te maken met verzekeringswetten, onder andere molestverzekering. Het eerste schip dat de H.S.M. na het uitbreken van de oorlog in Nederland verloor was de *Ystroom.* Op 23 december 1940 was het schip op weg van Fowey naar Liverpool toen het op een accoustische mijn liep in de baai van Liverpool in de monding van de Mersey. De bemanning bleef ongedeerd. Het volgende verlies betrof de *Texelstroom* die met een lading vis op weg was van Reykjavik naar Hull toen het op 22 februari 1941 getorpedeerd werd door de Duitse onderzeeboot *U 108* op 25 mijl van de zuidpunt van IJsland. Tijdens een reis van Hull naar Londen werd op 22 september de *Vechtstroom* op de Noordzee door een Duitse luchtaanval bestookt met bommen. Een bom raakte het achterschip waardoor er een lek ontstond. Het schip maakte zoveel water dat het niet meer te behouden was en zonk. De bemanning bleef ongedeerd en werd door een escorteschip te Grimsby aan land gezet.

Het volgende verlies was de *Reggestroom.* Dit schip was op 15 juni 1942 in konvooi W.P. 183 vertrokken uit Freetown in Sierra Leone voor de terugreis naar Engeland (6e reis in oorlogstijd). Via Belfast werd koers gezet naar Milford Haven, en vandaar naar Southampton. Op 8 juli werd er alarm gege-

De net overgenomen Congostroom lost een lading graan.

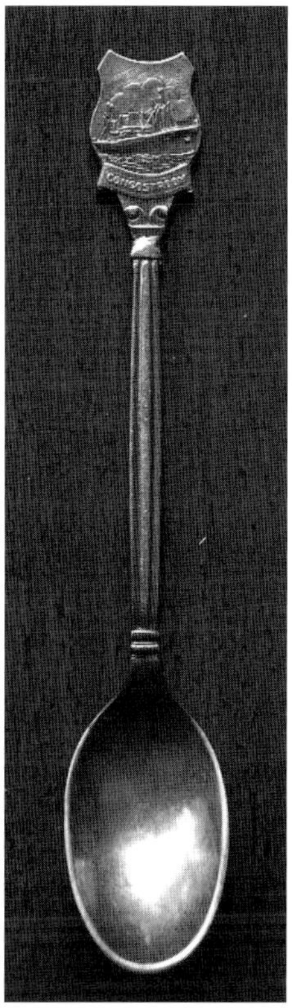

Theelepeltje met afbeelding van de Congostroom.

De IJstroom op oudejaarsdag 1959 in de buurt van Lizard Point op weg naar Bristol.

ven, maar er gebeurde niets. Op 9 juli om 01.00 uur werd er weer alarm gegeven en ditmaal was het raak. Binnen korte tijd werden twee schepen getorpedeerd. De *Reggestroom* vervolgde haar weg in een zigzagkoers. Maar om 01.30 uur werd de *Reggestroom* getroffen door een torpedo van de Duitse motortorpedoboot TM-*S 50* aan bakboordzijde van het schip. De *Reggestroom* zonk op ongeveer 20 mijl W.Z.W. van Bill of Portland in het Engelse Kanaal.
De bemanning ging in de sloepen en een reddingsvlot en bleven ongedeerd. Van het konvooi dat uit 13 schepen had bestaan, werden er tien getorpedeerd, en één vanuit de lucht tot zinken gebracht. Het laatste verlies betrof de *Hontestroom*, die op weg was naar IJsland. Door een nautische fout liep het schip op 15 maart 1943 op het Skage rif aan de zuidwestkust van IJsland. Het schip stootte zwaar op de rotsen en raakte lek. Door het zware weer brak het in twee stukken en ging verloren. De bemanning werd aan land gebracht.
De andere schepen kwamen op reparaties na ongeschonden de oorlog door. Het eerste schip dat weer terugkeerde in haar thuishaven na de oorlog was op 22 juli 1945 de *Amstelstroom*.

Wederopbouw en modernisering van het bedrijf

We laten de zware jaren achter ons, en het was nu noodzaak het bedrijf weer op te pakken. De toekomst lonkte weer.
Na de Duitse overgave in mei 1945 bleek er aan

Overzicht met de Zaanstroom op de Kop en de Grebbestroom in de Binnenhaven.

Menukaart van 7 april 1952, in gebruik op schepen van de H.W.A.L., voorstellende de kaasmarkt in Alkmaar.

het bedrijf in Nederland veel vernield te zijn. De inventaris van de kantoren was grotendeels geroofd, vrijwel alle kranen waren vernield, de loodsen waren zwaar beschadigd, er was geen ruit meer heel. Ook in Engeland waren door de bombardementen de kantoren en emplacementen grotendeels vernield. Het kostte de nodige inspanning en provisorische aanpassingen om de schepen weer te kunnen ontvangen en behandelen.

Tijdens de oorlog had de H.S.M. regelmatig vanuit Engeland op IJsland gevaren. Deze ervaringen kwamen haar nu goed van pas. Men besloot een nieuwe lijndienst op dit land te openen. De eerste afvaart vond plaats eind maart 1946. Ook de dienst op West-Afrika werd uitgebreid met nieuwe aanloophavens. Voor deze vaart werd in september 1946 speciaal een schip aangekocht als vervanging van de in de oorlog vergane *Reggestroom*. Dit schip, de *Congostroom*, was samen met de *Ystroom* van 1907 één van de grootste schepen die de H.S.M. in de vloot heeft gehad. Ook kwamen er weer nieuwbouwschepen bij. De in Engeland gebouwde *Grebbestroom* was de eerste na de oorlog.
Het eerste verlies na de oorlog was dat van de *Amstelstroom*. Het schip, dat op weg was naar Newport in Wales, strandde in dichte mist op 18 juli 1948 op de westkust van Lundy Island, nabij Battery Point in het Bristol Kanaal. De bemanning kon zelf van boord komen.
Op 29 maart 1950 werd de *IJstroom* opgeleverd. Dit fraaie schip liet zien welke kant de maatschappij op wilde met nieuwbouw de komende jaren.
Ook werden er weer nieuwe lijndiensten toegevoegd en moesten er sommige worden gestaakt vanwege te weinig resultaat. Wat de maatschappij

Rechts: De Berkelstroom drooggevallen in Poole aan de zuidkust van Engeland.

ook parten speelde waren de bootwerkersstakingen in Engeland, die te kust en te keur uitbraken en de maatschappij handen vol geld kostte. Ook de concurrentie op sommige lijndiensten bleef de H.S.M. de nodige problemen geven. Daarbij waren er ook nog eens de vele outsiders die probeerden vaste voet in Engeland te krijgen en die de H.S.M. in de wielen vaarden.
Alle schepen werden de komende jaren uitgerust met koel- en vriesinstallaties, mede in verband met de eisen die gesteld werden aan het exporteren van zuivelproducten en spek naar Engeland. Ook aan het verbeteren van containers werd de nodige aandacht besteed. De H.S.M. was één van de eerste rederijen in Nederland die met containers en flats voeren. Het heeft de maatschappij nooit aan enige expansiedrift ontbroken om verbeteringen aan te brengen en nieuwe vrachtenmarkten aan te boren.
De rederij heeft in de jaren vijftig en latere jaren

De Eemstroom liggend in de Binnenhaven in Amsterdam.

The Rynstroom entering Dieppe with a cargo of Ford cars from Dagenham.

A folder from 1967, giving information about reshipping loads with the Amstelstroom.

The Amstelstroom, seen here just after leaving the Noordersluis lock in IJmuiden on her way to Hull.

Mid 1955: view of the Amsterdam inner harbour with the Rynstroom; the Antares from Finland lies in front.

pany had new ships built to compensate the loss of tonnage caused by the war. It even bought vessels but also sold vessels to make way for newly built ships at H.W.A.L. A specially built ship for this line was the *Jaarstroom*, put into service in October 1922, to be followed shortly afterwards by the *Reggestroom*, and put into service on May 15, 1923. These ships and the *Yselstroom* were very suitable for the trade with West Africa on account of their riggings. The ships' special loading equipment came in handy for loading and unloading the cargo, particularly in the roadstead. To have the disposal of even better equipped vessels for this trade, the company decided to take over three vessels from the Stoomvaart Maatschappij Nederland (Nederland Line Royal Dutch Mail). They were surely not new, but considering the growth of this line they were a welcome addition to the tonnage. The *Scheldestroom* arrived in 1924, and the *Eemstroom* and the *Ystroom* were put in commission in 1926. Unfortunately, the company also lost a ship on this line; the *Yselstroom* on her way from Lagos in Nigeria to Amsterdam struck the rocks of Swallow Rocks on the Liberian southwest coast on September 29, 1925. The ship could not be saved and sank on October 2, 1925. From the first of July 1927, H.S.M. changed its mooring place for its ships in London. From now on, the ships were handled near Fennings Wharf on the south side of the Thames near London Bridge.
As mentioned before, H.S.M. was heading for bad weather. The 1933 results were so bad that a moratorium on payments had to be applied for. This was granted, and H.S.M. was put under administration on October 18, 1933. As no agreement could be reached with the bondholders, the moratorium on payments was withdrawn on February 1, 1934, and H.S.M. was declared to be in liquidation the same day. However, an agreement could still be reached with the bondholders on April 14, 1934; the liquidation was closed on May 9 and H.S.M. could be kept afloat. But cargo trade was still slack due to the crisis and it was not until mid-1936 before there was again a glimmer of hope for the company. Expenditure was meanwhile cut down as much as possible. H.S.M. lost much tonnage during the Depression, either by sale or scrap, and lost nine ships with a gross tonnage of 20,459 and a deadweight capacity of 31,732 tons from 1930 to mid-1936, which meant a sacrifice of quite some tonnage. At the end of 1936, the fleet had only 10 vessels with a gross tonnage of 13.951 and a deadweight capacity of 20.616 tons, about the same gross tonnage H.S.M. had lost. But the tide gradually turned in favour of H.S.M. when freight traffic picked up, although it was short-lived. International tensions kept trade confined, and a second world war was imminent.
Just before World War II broke out, H.W.A.L. put a well-designed ship in commission, the *Nigerstroom*, with accommodation for 24 first-class passengers, but her pretty black hull and white superstructure was soon to be changed into her uniformly grey war outfit. This ship sailed all the seas during the war only to return to her homeport after more than 5 years and 9 months.

World War II

In the early part of 1940, H.S.M.'s fleet consisted of 11 ships with a total cargo capacity of 26,785 tons. Before the war actively broke out in the Netherlands, the company had already lost a ship: on March 2, 1940, the *Rynstroom* heading for Amsterdam was torpedoed by the German submarine *U 17*, and the whole crew of 12 souls perished. This war would cost H.S.M. another five ships through the actions of the German aggressor. When the war broke out in the Netherlands on May 10, 1940, five

ships were berthed in Amsterdam and they all managed to escape and reach England safely. Three ships were laid down or were reaching completion but they all were impounded by the Germans and subsequently commissioned by the Kriegsmarine. After the war, these ships were again operated by H.S.M. and the other ships were under the control of The Netherlands Shipping and Trading Committee in England, which in turn leased them to the English government. That sailing would become extremely difficult and the risks increasingly heavy for mine hazard and submarine attacks is obvious. And once again was H.S.M. involved in insurance legislation, including war risk insurance. The first ship that H.S.M. lost after the outbreak of the war in the Netherlands was the *Ystroom*. On December 23, 1940, the ship was on her way from Fowey to Liverpool when she struck an acoustic mine in the Liverpool bay in the Mersey estuary. The crew were unharmed. The next loss was the *Texelstroom*, which voyaged with a load of fish from Reykjavik to Hull when it was torpedoed by the German submarine *U 108* at a distance of 25 miles from the south tip of Iceland on February 22, 1941. During her voyage from Hull to London, the *Vechtstroom* suffered a German airborne attack on the North Sea on September 22. One bomb hit the stern and sprung a leak. The ship made so much water that she could not be saved, and sunk. The crew were unharmed and were put ashore near Grimsby by an escort ship.
The next ship that was lost was the *Reggestroom*. On June 15, 1942, she sailed in convoy W.P. 183 from Freetown in Sierra Leone for her return voyage to England on her sixth passage in wartime. Via Belfast they made head for Milford Haven and from there on to Southampton. On July 8 they sounded the alarm but nothing happened. On July 9 the alarm was sounded again at 01.00 hours, and this time it struck home. Two ships were torpedoed within a short time. The *Reggestroom* zigzagged her way out but was hit by a torpedo from the German submarine TM-*S 50* on her port side and sank at about 20 miles west-south-west of Bill of Portland in the English Channel. The crew took to the sloops and a life raft and remained unharmed. From the 13-vessel convoy, 10 suffered from submarine attacks and one from air attacks. The last loss was the *Hontestroom* on her way to Iceland. Due to a nautical error, the ship was holed on the Skage reef on the southwest coast of Iceland on March 15, 1943. The impact with the rocks was so heavy that she broke into two by stress of weather, and was lost. The first ship to return to her homeport after the war was the *Amstelstroom*. She arrived there on July 22, 1945.

Post-war reconstruction and modernization of the company

Leaving the hard times behind, the company was compelled to pick up the pieces and look ahead. After the German surrender in May 1945, it appeared that much of the company in the Netherlands was destroyed. The fittings and furniture in the offices were plundered, almost all cranes destroyed, the warehouses severely damaged and hardly a window unbroken. Due to the bombing in England, the offices and yards were almost entirely destroyed there as well. It took all efforts and makeshift adaptations to receive and handle the ships.
From England, H.S.M. had regularly traded on Iceland, and this experience came in handy. It was decided to open a new line service to this country. The first sail took place towards the end of March 1946. Even the service to West Africa was extended with new ports of call. A special vessel was acquired for this service in September 1946 to replace the war-struck *Reggestroom*. Together with the *Ystroom* from 1907, the *Congostroom* was one of the largest ships that H.S.M. ever had had in its fleet. Other newly built ships were added, of which the *Grebbestroom*, built in England, was the first after the war.

The Hontestroom broke in two on the south coast of Iceland.

The first post-war loss was the *Amstelstroom*; she ran aground on the west coast of Lundy Island near Battery Point on the Bristol Canal in dense fog on her way to Newport in Wales on July 18, 1948. On March 29, 1950, the *IJstroom* was delivered and this fine ship showed what course the company wanted to take with new-built vessels in the coming years.
New lines were opened and some had to be stopped due to poor results. Other strokes of bad luck were the docker strikes in England which came at random and cost the company a fortune. Competition in some regular services caused problems as outsiders tried to gain a foothold in

England and gummed up H.S.M.'s works.
In the next few years all vessels were equipped with cooling and freezing units, not in the least on account of the export requirements for dairy products and bacon to England. Attention was also paid to the improvement of the containers. H.S.M. was one of the first shipping companies in the Netherlands to run a service with containers and flats. The company was not wanting in drive to expand and improve operations and to seek out new cargo markets. In the 1950s and onwards, H.S.M. had to hire tonnage to handle the demand despite the sky-high charges for leasing charter vessels. Many of these vessels were renamed with a *Stroom* affix and were also equipped with typical H.S.M. funnels. Likewise, H.W.A.L. often called in charter vessels to guarantee its regular sailing schedule. The company had new ships built for this service. The first ship, the *Guineekust,* was put in commission on February 16, 1955. Three almost identical vessels were to follow. Later, the *Guineekust* was rebuilt into the first cellular container ship in the Netherlands.

Note the rescue rafts on the Jaarstroom, just after WW II.

On December 1, 1955, their familiar London berth was transferred from Fennings Wharf to Chambers Wharf, which had more space and modern and efficient machinery. When the *Nigerstroom,* rechristened *Ghanakust*, was on her way to Douala in Cameroon, she collided with the Spanish *Monte Urbasa* near Bordeaux on October 1, 1958. She caught fire and was run aground in the Gironde estuary. The problems during the salvage were so grave that the ship had to be written off.
The Stoomvaart Maatschappij Nederland (Nederland Line Royal Dutch Mail), which had already shown financial interest in H.S.M. by loans and its participation in H.W.A.L., wanted to increase its interest in the shipping company. There were three reasons for it: maintaining the service on Amsterdam to support its own shipping lines, the company's regular service on the Dutch Indies was on the verge of getting lost (maintaining and extending commercial interests), and it wanted to spread any financial risks. That was the reason that the S.M.N. made an offer for H.S.M.'s shares in December 1958, with the result that H.S.M. became a subsidiary of S.M.N. for almost 100% on January 1, 1959.

H.S.M.'s last years

In the 1960s, H.S.M. opened up new regular services again to be strong enough to withstand competition. One of the lines to open was the Rouen - Liverpool/Manchester, and the northern France Fécamp - Shoreham. The many strikes did not make it easier either. London was so badly hit by the strikes that sailing to London had stopped. Another factor was that the London dockworkers were against all sorts of mechanical cargo handling. This was the end of H.S.M.'s oldest service with which the company had started its activities in 1885. Fennings Wharf, London Bridge, Tooleystreet and Chambers Wharf that once were household words became only memories from then on. The old main line was no match for the change of times.
New ships were added to the fleet, both for sailing to the United Kingdom and for putting them on the open market. In turn, they sold old vessels that no longer fit in with liner's network as they had become antiquated. The *Texelstroom* and the *Spaarnestroom* were also added; these ships were specially fitted with a system for quicker loading and unloading.
On January 1, 1964, S.M.N. took over all of H.W.A.L.'s shares, and the four vessels with *Kust* in their names that sailed this line formally became S.M.N. 's property. However, H.S.M. was still to crew and to manage these ships.
The advent of containerisation brought a change in traditional navigation in general, and we all know the outcome. The vessels equipped for parcel goods and mixed cargo that once sailed the seven oceans had to give way to the new fashion of more efficient box-shaped vessels and container transport. They also had to do with another kind of transport by ships specially designed for this purpose: the so-called RoRo, or Roll on-Roll off transport. They aimed at ever faster, more efficient, and safer loading systems. These vessels were fitted out with an adjustable loading ramp to allow forklift trucks to carry the load into the vessel. The ship could easily take in palletised loads and unit loads (straight from the warehouse), and cars, caravans, farming machinery including tractors and heavy loads could quickly be brought on and taken off the vessel. Wharf cranes were no longer needed, and the loading could continue even in bad weather while limiting the risk of transport damage (freight might fall from a crane). The design of these

vessels was also tailored to limit the time that the ships were moored in the ports even further. H.S.M. also entered this new market for loading to consolidate its position. Two new ships were ordered according to H.S.M.'s own design for this RoRo transport. The first ship, the *Rynstroom*, was put into service on February 3, 1966, and sailed the line to Shoreham. The second ship of this type, the *Amstelstroom*, delivered on June 26, 1967, was placed on the Hull line, and given the name of Amsterdam-Humber Ferry. It was to be their last newly built ship.
On October 24, 1969, it was announced that the mother company, the Stoomvaart Maatschappij Nederland, intended to merge with a number of shipping companies to become the Nederlandsche Scheepvaart Unie. This would involve changes in H.S.M.'s structure, and it became all too clear in the coming years that these changes would take place much sooner than everybody thought. The end of H.S.M. was near.
H.S.M.'s ships were transferred to the N.S.U on July 1, 1970. H.S.M. continued to carry out all its activities as usual, but now under the supervision of Holland Bulk Transport N.V., H.S.M. had to face strikes once again, and the operating costs were in deficit. Other expenses went up, including stevedore, fuel, port and pilotage dues, insurance, survey, and etceteras. And competition remained fierce, especially for container transports.
To meet the costs, the company started to stop services in 1972, which meant that the company was scaling down. Some of its vessels were chartered by others or sailed for the open market. Talks about setting up new services came to nothing. Moreover, the vessels were no longer suitable to put into the new services. The shipping company that operated services all around Great Britain was left with only two regular services, namely the Amsterdam-Hull (Amsterdam Humber Ferry) and the Amsterdam-Shoreham.
As they no longer saw any future for the shipping line, it was decided to wind up the company. This would mean the end of H.S.M. The company's possessions were sold, and on October 1, 1974, the activities of the *N.V. Hollandsche Stoomboot Maatschappij* were stopped in Amsterdam. After nearly 90 years, the shipping line, which the general public and the Exchange had come to know as the *Hollandsche Boot*, had come to an end.

Top: The Congostroom was one of the largest ships in the H.S.M. fleet.

The Grebbestroom seen in the Pool of London.

Below: Loading the Berkelstroom in Amsterdam in 1948.

De haven van Amsterdam.
Een foto op 5 mei 1964 genomen vanaf de schoorsteen van het in aanbouw zijnde postkantoor aan het Oosterdok.

Van rechts naar links lagen op dat moment in de Binnenhaven de schepen: Berkelstroom, Waverstroom, IJstroom, voor de Koploods lag het motorschip Theano, terwijl aan de IJ zijde van links naar rechts de schepen Lingestroom, Angolakust, Texelstroom en Ivoorkust lagen. In het dok aan de overzijde zien we een Shelltanker, in het midden van de foto zien we het hoofdkantoor N.V. Stoomvaart Maatschappij Nederland met aan de Javakade twee V.N.S.-schepen.

De geloste lading uit de Congostroom wordt netjes opgestapeld te Port Harcourt.

Boven: Op de rede van Accra met de zonnetenten op het achter en voorschip aangebracht tegen de hitte.

Daaronder: Een kiekje met het sloependek op de achtergrond.

Poseren aan dek bij ruim IV.

Liggend in de Noordersluis van IJmuiden.

In het Noordzeekanaal ter hoogte van Buitenhuizen.

Op de boeien te Amsterdam.

4 *Met de Lingestroom naar IJsland*

Een reis-impressie

Tijdens de Tweede Wereldoorlog had de H.S.M. regelmatig vanuit Engeland op Reykjavik in IJsland gevaren. Men zag mogelijkheden om een nieuwe lijndienst naar dit eiland te openen. De ervaringen opgedaan tijdens de oorlog kwamen nu goed van pas.
De eerste afvaart naar Reykjavik via Antwerpen vond plaats in maart 1946 met de *Amstelstroom*.
Omdat er bevroren vis op terugreis vervoerd werd en de H.S.M. daar zelf niet de schepen voor had werd de *Nieuwaal* van de Rotterdamse reder Anthony Veder van de Maatschappij Zeetransport N.V. (Oranje Lijn) voor enige reizen gecharterd. De lijn ondervond in het begin de nodige tegenwerking van het IJslandse gouvernement, dit natuurlijk door protectie van hun eigen scheepvaart belangen.
Op de IJsland-dienst werden ook de Faeröer-eilanden aangelopen en havens in Denemarken om bij te laden. In 1947 kwam de *Lingestroom* op de IJsland-dienst en zou in totaal 29 reizen maken in vaak slecht weer naar dit eiland waar op sommige plaatsen de sneeuw het hele jaar bleef liggen. In 1949 moest de dienst op IJsland worden ingekrompen vanwege nog verdere problemen van monotaire aard met dat land. De protectie van het IJslandse gouvernement ten opzichte van hun nationale scheepvaartmaatschappij was zodanig dat bijna gesproken kon worden van vlag-discriminatie. Sommige H.S.M. diensten kwamen hierdoor niet verder dan Denemarken en de Faeröer-eilanden. De dienst verliep steeds moeizamer en af en toe werd er nog een afvaart gemaakt, maar het ladingaanbod voor de terugreis was bedroevend. En de medewerking van het IJslandse gouvernement was nihil. Omdat er geen verbetering optrad in de betalings en andere moeilijkheden werd de dienst in september 1951 gestaakt. Totaal werden 64 reizen naar IJsland gemaakt. De dienst op de Faeröer-eilanden werd eveneens tijdelijk opgeheven, vanwege een verminderd ladingaanbod, maar kon het uiteindelijk ook niet meer bolwerken.

Vertrek van de Lingestroom vanuit haar thuishaven naar IJsland.

Een plaatje vanaf het achterschip naar voren van een slingerende Lingestroom op de Atlantische Oceaan.

Gepavoiseerd voor de kant in Reykjavik ter gelegenheid van een nationale feestdag.

Linksboven De besneeuwde bergen zijn indrukwekkend.

Rechtsboven: Bootsman Moojen, rechts naast de kok bij ruim II van de Lingestroom.

Links: Een groot gedeelte van de bemanning bijeen voor een groepsfoto.

Lossen op een druilerige dag in Reykjavik.

Vertrek vanuit Reykjavik.

Onder: De natuur is prachtig. In IJsland is er ruimte genoeg, slechts een paar huisjes zien we onder aan de bergwand.

Varend in het Noordzeekanaal.

Met een bijna leeg schip terug in Amsterdam.

Aanmeren aan de Oostelijke Handelskade met op de brug kapitein Visser.

Linksboven: Met de Guineekust in 1957 op de Congo-rivier op weg naar Matadi.

Rechtsboven: Bijpraten op het brugdek.

Links: De salon van de Angolakust.

Rechts: De loods neemt zijn eigen jeugdige roerganger mee op de Angolakust. Zo wordt de rivier bevaren op weg naar Warri en Sapele.

In 1957 wordt de Angolakust te Douala, in Kameroen, van een nieuwe verflaag voorzien.

Links: Een gezonken surfboot wordt uit het water gehaald.

Onder: Bediende Tommy op de Angolakust in 1957.

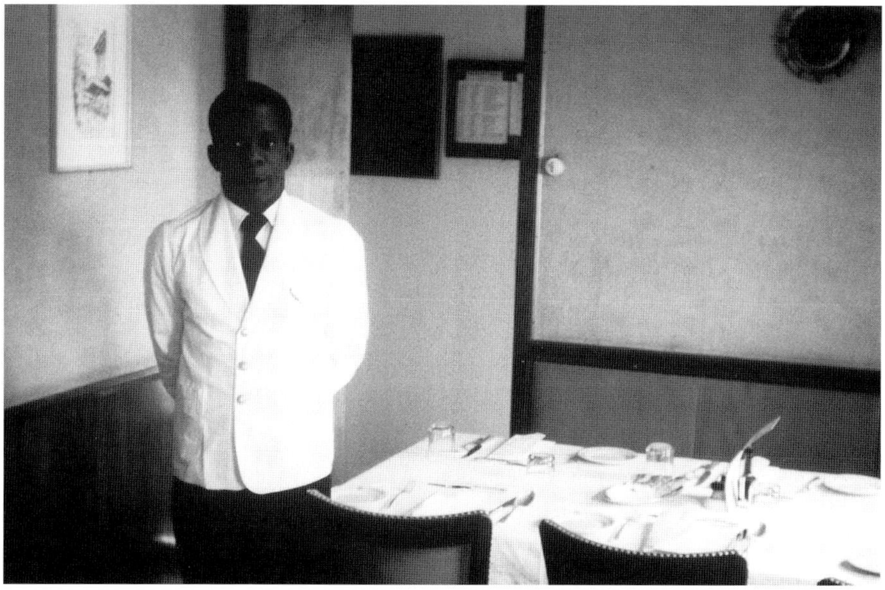

Innemen van boomstammen op de Angolakust te Takoradi.

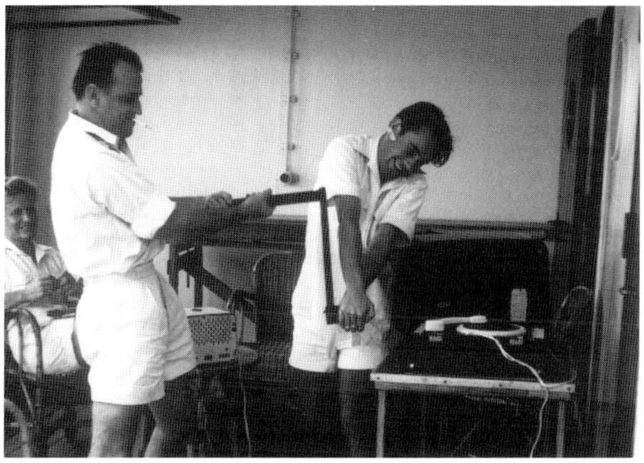

Boven: Vertier aan boord. Daarbij het scheepsorkest met rechts de fotograaf van deze beelden.

Rechtsboven: Persluchtmaskers beproeven op het brugdek van de Angolakust.

Onder: Kroo-boys rusten uit op de luiken van de Angolakust.

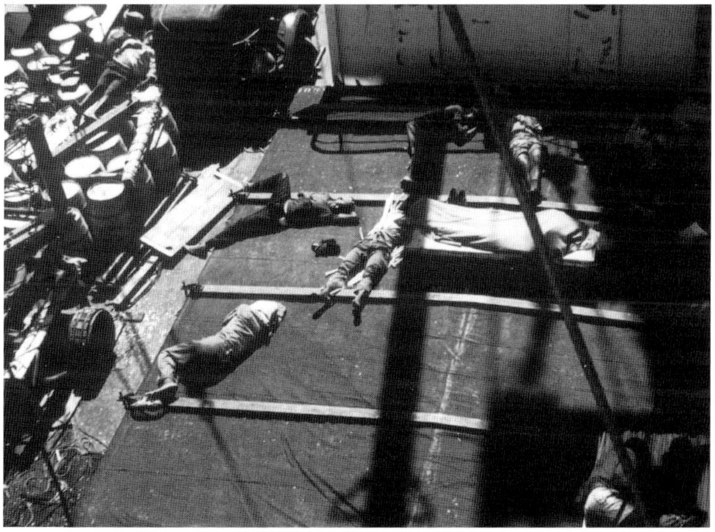

Vlootlijsten	**Fleetlists**
Verklaring van de gegevens in de vlootlijst.	Notes on the ship's details in the fleetlist.
Ss/ms	Steamship/motor vessel.
( ) Zoveelste schip van deze naam in de vloot.	( ) After the ship's name indicates that the name has been used more than once in the fleet.
Jaartallen achter de naam: Aantal dienstjaren.	Dates after the ship's name: Years in service for the company.
Roepnaam.	Call sign.
Werf.	Shipbuilders.
Bouwnummer.	Yard number.
Bouwjaar.	Date of build.
Brt, Netto, Draagvermogen.	Gross tonnage, Net tonnage, Deadweight.
Afmetingen.	Dimensions.
Lengte over alles.	Overall length.
Lengte loodlijnen.	Length between perpendiculars.
Breedte.	Breadth.
Holte.	Depth.
Machine.	Engines.
Machinevermogen.	Horsepower.
I.p.k.: Indicateur paardenkracht voor stoommachines.	I.h.p.: Indicated horsepower for steam engines.
A.p.k.: As paardenkracht voor stoomturbines.	S.h.p.: Shaft horsepower for steam turbines.
R.p.k.: Rem paardenkracht voor dieselmotoren.	B.h.p.: Brake horsepower for diesel engines.
Snelheid in mijlen per uur.	Speed in knots.
Vries en koelruimen.	Refrigerated holds.
Dekken.	Decks.
Masten.	Masts.
Portaalmasten.	Goal post masts.
Paalmasten.	Pole masts.
Laadpalen.	Derrick posts.
Laadbomen.	Derricks.
Zware spier.	Heavy lift derrick.
Dekkranen.	Deck cranes.
Ruimen.	Holds.
Voorzien van hulpzeilen.	Provided with auxiliary sails.
Geschikt voor vervoer van hout.	Timbercarrying certificate.
Reddingsboten.	Life-boats.
Accommodatie voor passagiers.	Accommodation for passengers.
Kiellegging.	Keel laying.
Te water gelaten.	Launching.
Proefvaart.	Trial trip.
Opgeleverd.	Commissioning.

8 De schepen van de H.S.M.

Ships owned by the Holland Steamship Company

1. ss YSTROOM (I) 1885-1897.

Roepnaam: QCVD
Werf: Nederlandsche Stoomboot Maatschappij te Rotterdam.
Bouwnummer: 104.
Bouwjaar: 1879.
Brt 820 ton (sinds 1899: 764 ton), Netto 603 ton (sinds 1899: 541 ton), Draagvermogen in 1899: 900 ton.
Afmetingen: Lengte o.a. 66,68 m. Breedte 8,80 m. Holte 4,41 m.
Machine: 2 cil. compound stoommachine, fabrikaat Nederlandsche Stoomboot Maatschappij te Rotterdam.
Machinevermogen: 625 ipk.
Snelheid: 11 zeemijl per uur.
2 dekken (voldek), 3 masten, 3 laadbomen, 4 dekkranen, 3 ruimen.
Het schip is uitgerust met hulpzeilen aan de 3 masten.
4 reddingsboten.
Accommodatie voor 20 passagiers.

1879	Gebouwd voor eigen rekening en in de vaart gebracht als *Fijenoord*.
09-09-1879	In dienst gesteld op Londen (Engeland) door de Nederlandsche Stoomboot Maatschappij, de latere Batavier-Lijn.
01-1885	Door de eigenaar, tegen de boekwaarde van f 225.000,- in de H.S.M. ingebracht, en korte tijd later herdoopt in *Ystroom*.
04-1885	Het schip wordt ingezet op de Londen-dienst.
14-04-1885	Vertrekt van Amsterdam onder gezag van kapitein Jacob Parlevliet voor haar 1ste reis in dienst van de H.S.M. naar Londen, met een lading levende schapen en stukgoed.
07-10-1885	Het schip heeft een aanvaring op de Theems met het Britse ss *Imbro* (1873 - Brt 1222),

De Ystroom maakte haar eerste reis naar Londen op 14 april 1885.

waardoor het geruime tijd buiten dienst gesteld moest worden. De dienst wordt overgenomen door het ss *Maasstroom* (1868), van de Nederlandsche Stoomboot Maatschappij te Rotterdam.

1887 Het schip ondergaat een kleine verbouwing, waardoor het beter ingericht is voor het veevervoer.

05-06-1897 Vertrek van de *Ystroom* om 5 uur 's middags van Amsterdam naar Londen, met een lading stukgoed. De bemanning bestaat uit 23 koppen, het schip staat onder gezag van kapitein Parlevliet. Bovendien waren er 16 passagiers aan boord.

06-06-1897 Om 02.40 uur 's nachts wordt het schip op de Noordzee aangevaren door het Britse ss *Bittern* (1878 - Brt 972). De *Ystroom* wordt geraakt voor de brug, waarbij de boeg van de *Bittern* diep doordringt in het schip ter hoogte van het voorluik. De *Ystroom* zinkt in 15 minuten op 24 mijl van het *Galloper* lichtschip, in positie 52.04 NB en 02.30 OL. Twee van de passagiers verdrinken. De bemanning en de overige passagiers worden opgepikt door het ss *Bittern*. Bij het te water laten van de sloepen van het ss *Bittern* raken er drie bemanningsleden te water, waarvan er twee verdrinken. De geredde opvarenden worden te Deptford (Engeland) aan land gebracht.

De Amstelstroom tijdens dikke mist gestrand op de Noordpier van IJmuiden.

2. ss AMSTELSTROOM (I) 1885-1906.

Roepnaam: NDCT
Werf: Nederlandsche Stoomboot Maatschappij te Rotterdam.
Bouwnummer: 134.
Bouwjaar: 1885.
Brt 788, Netto 476 ton, Draagvermogen 877 ton.
Afmetingen: Lengte o.a. 63,00 m. (Lengte l.l. 57,97 m.) Breedte 8,60 m. Holte 4,82 m.
Machine: 2 cil. compound stoommachine, fabrikaat Nederlandsche Stoomboot Maatschappij te Rotterdam.
Machinevermogen: 560 ipk.
Snelheid: 9 zeemijl per uur.
2 dekken (voldek), 2 masten, 6 dekkranen, 3 ruimen.
Het schip is uitgerust met hulpzeilen aan de voormast.
4 reddingsboten.

07-1885 Opgeleverd aan de H.S.M.

08-1885 Het schip wordt ingezet op Londen in een tweemaal wekelijkse dienst.

1887 Door problemen met de stoomketel is het schip een paar maanden uit de vaart. De dienst wordt overgenomen door het ss *Maasstroom* (1868) van de Nederlandsche Stoomboot Maatschappij te Rotterdam. Ook ondergaat het schip een kleine verbouwing, waardoor het beter ingericht is voor het veevervoer.

1905 Voorzien van nieuwe ketels.

02-1906 Verkocht voor £ 6000,- aan D. Dimokas & Co te Piraeus (Griekenland) en herdoopt in Irini.

1908 Verkocht aan D.P. Goudis te Piraeus en herdoopt in *Spetsai*.

De Amstelstroom op het IJ te Amsterdam omstreeks 1900.

1908	Overgedragen aan Hellenic Steam Navigation Company te Piraeus, en niet herdoopt.
1914-1918	Tijdens de eerste wereldoorlog gezonken. (Manager was toen J. Leonidas.)
1918	Na de oorlog gelicht en hersteld, en weer in de vaart als *Spetsai*.
1919	Verkocht aan Hellenic Co., of Maritime Enterprises (Manager A. Palios), en niet herdoopt.
1926	Verkocht aan Star Commercial & Maritime Co. te Piraeus, en niet herdoopt.
1927	Verkocht aan A.K.Riggas, en herdoopt in *Volos*.
1930	Opgegaan in Hellenic Coast Lines Co.Ltd. te Piraeus, en niet herdoopt.
11-1933	Verkocht voor sloop aan een sloopbedrijf te Savona (Italië).
07-12-1933	Het schip lag te Piraeus en werd vandaar gesleept naar de sloperswerf. Tijdens deze reis op 07-12-1933 gezonken op 56 mijl van Capo Spartivento (Sardinië), in positie 37.55 NB en 19.25 OL.

3. ss ZAANSTROOM (I) 1895-1911.

Roepnaam: QCVS
Werf: Firma Huygens & van Gelder te Amsterdam.
Bouwnummer: 159.
Bouwjaar: 1895.
Brt 990 (in 1903: 899 ton), Netto 705 ton (in 1903: 544 ton),
Draagvermogen in 1903: 1100 ton.
Afmetingen: Lengte o.a. 65,13 m. Breedte 9,84 m. Holte 5,06 m.
Machine: 3 cil. triple expansie stoommachine, fabrikaat Nederlandsche fabriek van Werktuigen en Spoorwegmateriaal te Amsterdam.
Machinevermogen: 550 ipk.
Snelheid: 9 zeemijl per uur.
2 dekken (gladdek en tussendek), 2 masten, 3 laadbomen, 4 dekkranen, 3 ruimen.
Het schip is uitgerust met hulpzeilen aan de voormast.
3 reddingsboten.

Zaanstroom binnenlopend te Bristol.

28-03-1894	Door de H.S.M. besteld.
01-1895	Te water gelaten.
03-1895	Opgeleverd aan de H.S.M.
04-1895	Het schip maakt haar eerste reis voor de H.S.M. Met deze afvaart wordt tevens de dienst op Hull geopend.
10-1899	Het schip wordt ingezet op de Bristol-dienst.
01-11-1910	De *Zaanstroom* maakt de eerste afvaart in de nieuwe dienst op Leith en Grangemouth (Schotland).
12-1911	Tijdens een zware storm in het Engelse kanaal lek geslagen.
21-12-1911	Gezonken in positie 50.45 NB en 00.45 WL., bij St. Catherine's Point (Zuid-Engeland). Het schip was op weg van Fowey (Engeland) naar Amsterdam, met een lading van 994 ton pijpaarde en steen. Eén bemanningslid verdrinkt, de rest van de bemanning wordt gered door het Britse ss *Westdale* (1911 - Brt 424).

De Zaanstroom in het Noordzeekanaal.

4. ss RIJNSTROOM (I) 1896-1936.

Roepnaam: PRND vanaf 1934 PHGJ
Werf: R.Thompson & Sons Ltd., te Southwick, Sunderland (Engeland).
Bouwnummer: 194.
Bouwjaar: 1896.
Brt 877 (sinds 1924: 855 ton), Netto 525 ton (sinds 1924: 437 ton), Draagvermogen: 1007 ton (sinds 1924: 991 ton).
Afmetingen: Lengte l.l. 69,62 m.
Afmetingen: na verlenging in 1899: Lengte o.a. 77,72 m. (Lengte l.l. 75,47 m.) Breedte 9,54 m. Holte 4,57 m.
Machine: 3 cil. triple expansie stoommachine, fabrikaat George Clark Ltd., te Sunderland.
Machinevermogen: 1300 ipk.
Snelheid: 12 zeemijl per uur.
1 dek (verhoogd achterdek), 2 masten, 3 laadbomen, 1 zware spier van 10 ton, 3 ruimen.
2 reddingsboten, later 3 reddingsboten.
Accommodatie voor 9 passagiers 1e klasse.

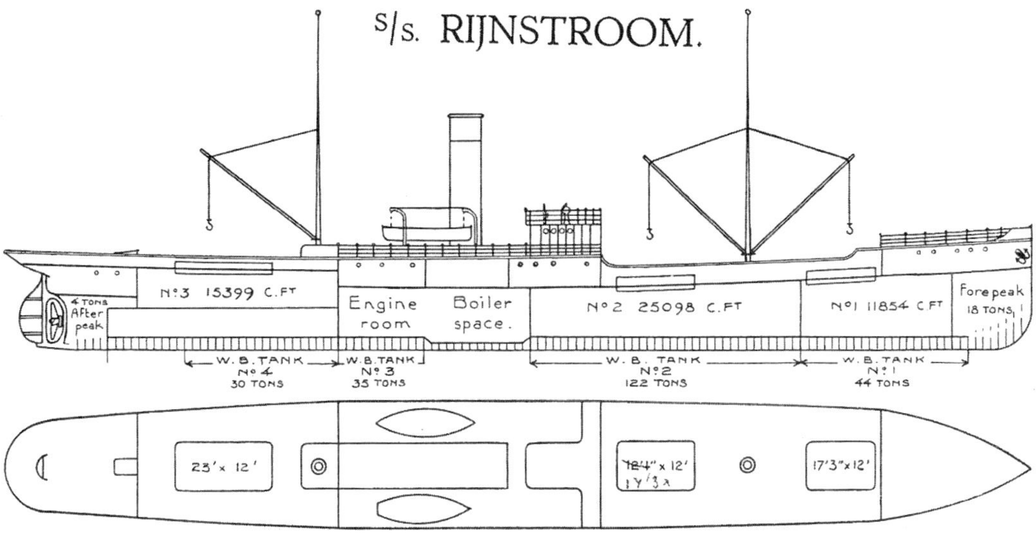

22-10-1896	Te water gelaten.
11-1896	Opgeleverd aan de H.S.M.
1896	Het schip wordt ingezet op de Hull-dienst, later na 1910 ook op de Schotland-dienst, en maakt ook reizen op de Bristol-dienst.
08-1899	Achterdek verlengd met ongeveer 6 meter bij R.Thompson & Sons te Southwick, Sunderland.
10-1899	Ingezet op de route Amsterdam en havens aan de Humber.
03-04-1936	Verkocht voor sloop aan Van Heyghen Frères te Gent (België).

De Rijnstroom vol onder stoom.

De Rijnstroom scherp het water aansnijdend.

5. ss IJSTROOM (I) later YSTROOM (II) 1898-1922.

Roepnaam: QCVD
Werf: R.Thompson & Sons Ltd., te Southwick, Sunderland (Engeland).
Bouwnummer: 201.
Bouwjaar: 1898.
Brt 960 (in 1920: 1027 ton), Netto 493 ton (in 1920: 475 ton), Draagvermogen 1072 ton (in 1920: 1089 ton).
Afmetingen: Lengte o.a. 71,93 m. (Lengte l.l. 69,98 m.) Breedte 9,84 m. Holte 5,36 m.
Machine: 3 cil. triple expansie stoommachine, fabrikaat George Clark Ltd., te Sunderland.
Machinevermogen: 1300 ipk.
Snelheid: 12 zeemijl per uur.
Uitgerust met een koelinstallatie.
2 dekken (gladdek, bak en kampanjedek en tussendek), 2 masten, 6 dekkranen, 3 ruimen.
Het schip is uitgerust met hulpzeilen aan de voormast.
4 reddingsboten.
Accommodatie voor 12 passagiers 1e klasse.

S/S. IJSTROOM.

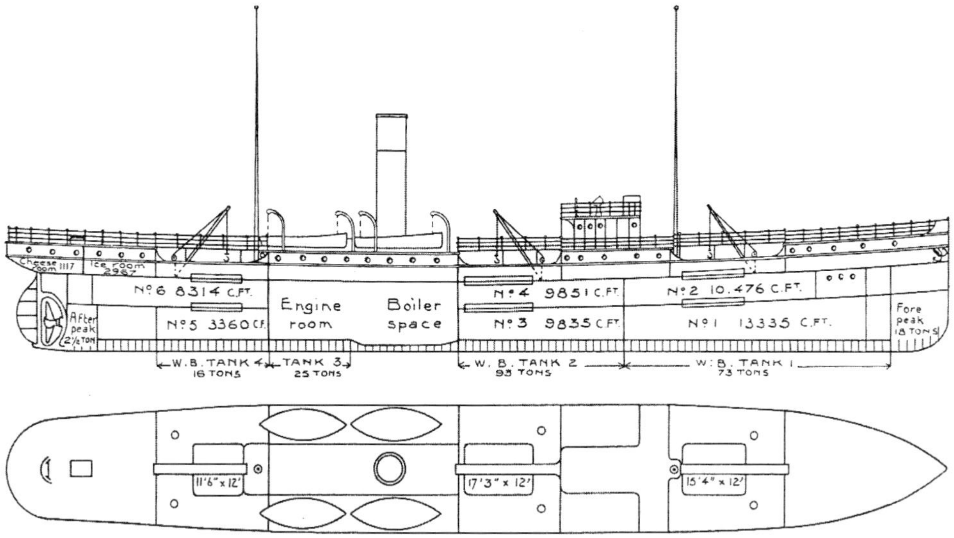

Varend langs de Engelse kust zien we duidelijk de karakteristieke lijn van het schip.

21-02-1898	Te water gelaten.
03-1898	Opgeleverd aan de H.S.M.
1898	Het schip wordt ingezet op de Londen-dienst.
09-06-1912	Tijdens het lossen aan de Fresh Wharf op de Theems te Londen wordt de *IJstroom* aangevaren door het Belgische ss *Princesse Marie José* (1909 - Brt 1954), waardoor haar meertouwen afbreken. Door de kracht van de vloed drijft de *IJstroom* tegen de London Bridge, en verliest daarbij haar achtermast, en wordt ook de schoorsteen zwaar beschadigd. Het schip blijft onder de brug klem zitten tot het tij kentert.
25-03-1918	Tijdens de eerste wereldoorlog wordt het schip, liggende te Londen, door de Royal Navy gevorderd krachtens het zogenoemde Angarierecht en onder Britse vlag gebracht.
26-03-1918	Beheerd door The Shipping Controller (Managers General Steam Navigation Company Ltd.) te Londen, en niet herdoopt.
1918-1921	Ergens in deze periode wordt het schip herdoopt in *Ystroom*.
04-1919	Weer overgedragen aan de H.S.M.
10-1922	Verkocht aan Cie.de Nav. France-Irelande te Brest (Frankrijk), en herdoopt in *Banba*.
01-07-1923	Gestrand op Gull Island, St Mary's Bay, Newfoundland (Canada), tijdens een reis in ballast van Sydney, Nova Scotia (Canada) naar Granville, Normandië (Frankrijk). Het schip raakt total loss.

De IJstroom omstreeks 1900.

De IJstroom in het Noordzeekanaal. In latere jaren voer het schip met de naam Ystroom. De IJ had plaatsgemaakt voor een Y.

6. ss EEMSTROOM (I) 1899-1923.

Roepnaam: NMTP
Werf: Carmichael, Maclean & Co. Ltd., te Greenock (Schotland).
Bouwnummer: 25.
Bouwjaar: 1899.
Brt 1053, Netto 465 ton, Draagvermogen 1235 ton.
Afmetingen: Lengte o.a. 74,25 m. (Lengte l.l. 71,72 m.) Breedte 10,06 m. Holte 5,18 m.
Machine: 3 cil. triple expansie stoommachine, fabrikaat Muir & Houston Ltd., te Glasgow (Schotland).
Machinevermogen: 1200 ipk.
Snelheid: 12 zeemijl per uur.
Uitgerust met een koelinstallatie.
1 dek (verhoogd achterdek), 2 masten, 3 laadbomen, 1 dekkraan, 3 ruimen.
2 reddingsboten.
Accommodatie voor 8 passagiers 1e klasse, later uitgebreid tot 12 passagiers.

S/s. EEMSTROOM.

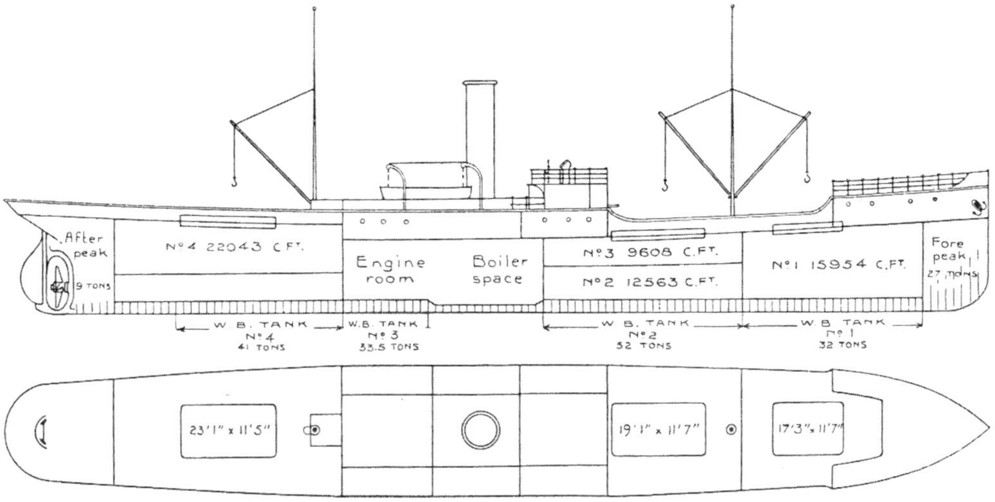

De Eemstroom op de rivier Avon.

Roeiers nemen de spring over om het schip af te meren in Bristol.

31-05-1899	Te water gelaten.
08-1899	Opgeleverd aan de H.S.M. Het schip was bestemd voor de 28-uurs dienst op Leith-Schotland, maar maakt ook reizen op Hull.
1907	Het schip wordt ingezet op de Hull-dienst, maar maakt ook reizen op de Bristol-dienst.
1911	Het schip wordt ingezet op de dienst Leith-Grangemouth.
29-06-1923	Verkocht aan A.Th. Spethman & Co. te Altona (Duitsland), en niet herdoopt.
12-10-1927	Verkocht aan Ramsay Shipping Company Ltd. (Managers W. Muter & Co. Ltd.) te Londen (Engeland), en herdoopt in *Beau Bassin*.
05-10-1928	Het schip raakt in brand te Port Louis (Mauritius). Het heeft een lading petroleum in blik aan boord.
07-10-1928	Aan de grond gezet om zinken te voorkomen.
05-11-1928	Vlotgebracht en constructive total loss verklaard en aan de verzekeraars geabandonneerd, en vervolgens verkocht.
10-1929	Verkocht aan L. Théry te Diego Suarez (Madagascar), en na herstel herdoopt in *Surcouf*.
1931	Verkocht aan F.L. Peillon te Diego Suarez, en niet herdoopt.
1933	Verkocht aan G. Pellegrini te Diego Suarez, en niet herdoopt.
11-11-1941	Door de Britten te Diego Suarez in beslag genomen, en naar Aden gebracht.
1942	Door het British Ministry of War Transport te Aden overgenomen, en niet herdoopt. Het schip komt onder Britse vlag.
1943	Overgedragen aan Tilbury Contracting & Dredging Co. Ltd., Londen en te Aden gebruikt voor baggerwerkzaamheden (vrijwel zeker niet verbouwd).
01-1947	Uit dienst gesteld, en mogelijk nog gesloopt in 1947.

De Eemstroom als Surcouf te Kaapstad.

7. ss PRO PATRIA 1899-1907.

Aangekocht voor het pekvervoer, ligt de Pro Patria op de boeien op het IJ omstreeks 1900.

Roepnaam: PQSH
Werf: James Laing & Co. Ltd., te Sunderland (Engeland).
Bouwnummer: 186.
Bouwjaar: 1872.
Brt 1034, Netto 775 ton, Draagvermogen 1200 ton.
Afmetingen: Lengte o.a. 67,48 m. (Lengte l.l. 66,96 m.) Breedte 8,85 m. Holte 5,12 m.
Machine: 2 cil. compound stoommachine, fabrikaat T. Clark & Co., te Newcastle-upon-Tyne (Engeland).
Machinevermogen: 600 ipk.
Snelheid: 9 zeemijl per uur.
1 dek (kuildek).
2 masten, 3 laadbomen, 3 ruimen.
Het schip is uitgerust met hulpzeilen aan de voormast.
2 reddingsboten.

09-04-1872	Te water gelaten.
04-1872	Opgeleverd als *Columba* aan Porteous & Senier te Londen (Engeland).
1887	Verkocht aan Avis Steam Ships Ltd. (Manager Gilbert Porteous) te Londen, en niet herdoopt.
1893	Verkocht aan Blacowen Steam Ship Co. Ltd. (Managers Black, Cowen & Co.) te Newcastle-upon-Tyne, en niet herdoopt.
1897	Verkocht aan Wilson, Smith & Co. te Londen, en niet herdoopt.
09-1899	Aangekocht door de H.S.M., en herdoopt in *Pro Patria*. Speciaal aangekocht voor de Coaltar Pitch Trade* (pekvervoer) van de gasfabrieken aan de Theems (de plaatsen Beckton & Silvertown) in Engeland naar Amsterdam.
1899	Het schip maakte eerst reizen in timecharter tussen Cardiff, Wales (Engeland) en Bordeaux (Frankrijk).
06-1907	Verkocht aan A. Ferrentino te Livorno (Italië), en niet herdoopt.
1910	Verkocht aan H. Klompus & Company te Libau (Rusland), en herdoopt in *Baltic*.
09-1911	Verkocht voor sloop naar Stavanger (Noorwegen).

*Het Coaltar is een afvalproduct van steenkool gasfabrieken.

De net opgeleverde Maasstroom op het IJ omstreeks 1900.

8. ss MAASSTROOM 1900-1935.

Roepnaam: PJTK, vanaf 1934 PFRT
Werf: Firma Rijkee & Co., te Rotterdam.
Bouwnummer: 96.
Bouwjaar: 1900.
Brt 1034, Netto 529 ton, Draagvermogen 1219 ton.
Afmetingen: Lengte o.a. 72,24 m. (Lengte l.l. 69,49 m.) Breedte 10,06 m. Holte 5,36 m.
Machine: 3 cil. triple expansie stoommachine, fabrikaat N.V. Maatschappij voor Scheeps- en Werktuigbouw "Fijenoord" te Rotterdam.
Machinevermogen: 1250 ipk.
Snelheid: 12 zeemijl per uur.
Uitgerust met een koelinstallatie.
2 dekken (gladdek, bak en kampanjedek en tussendek), 2 masten, 6 dekkranen, 3 ruimen.
Het schip is uitgerust met hulpzeilen aan de voormast.
4 reddingsboten.
Accommodatie voor 10 passagiers 1e klasse.

Boven: Op de rivier Avon, in de buurt van Bristol.

Links: De Maasstroom in het Noordzeekanaal.

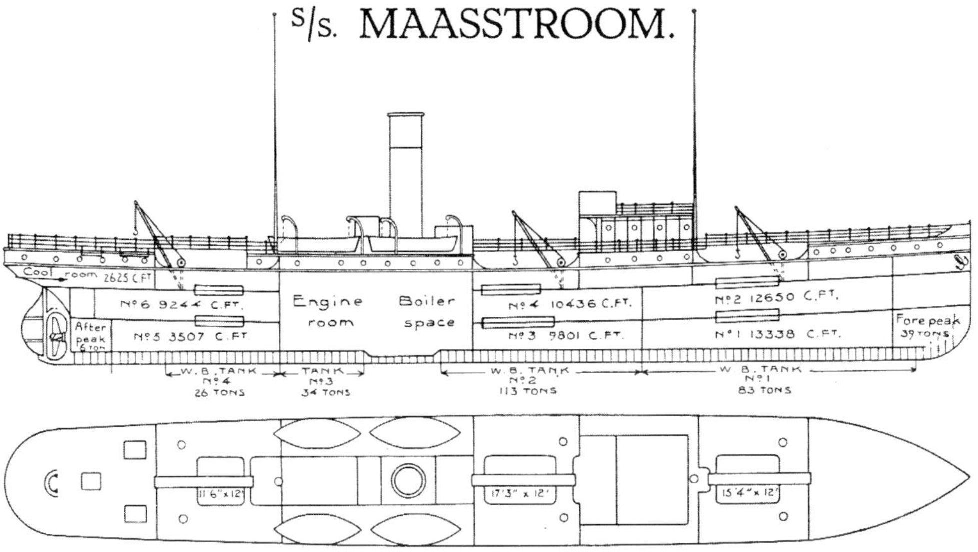

11-1900 Opgeleverd aan de H.S.M.
1900 Het schip wordt ondermeer ingezet op de Londen-dienst en Bristol-dienst.
23-01-1918 Liggende te Londen (Engeland) bij de London Bridge wordt het schip door een Duitse luchtaanval beschadigd. Een bom explodeert vlakbij het achterschip, en een daar achter liggende lichter zinkt. Bij deze aanval valt helaas een dode, de kapitein J. Kuiper.
16-02-1935 Verkocht voor f 14.000,- voor sloop aan Van Heyghen Frères te Gent (België).

9. ss VREEDE (I) 1900-1901.

Roepnaam: QBCK
Werf: W. Watson Ltd., te Sunderland (Engeland).
Bouwnummer: 409.
Bouwjaar: 1871.
Brt 956, Netto 581 ton, Draagvermogen 1080 ton.
Afmetingen: Lengte l.l. 67,24 m. Breedte 9,17 m. Holte 5,11 m.
Machine: 2 cil. enkelvoudige stoommachine, fabikaat George Clark Ltd., te Sunderland.
Machinevermogen: 520 ipk.
Snelheid: 9 zeemijl per uur.
1 dek (kuildek).

Scheepvaart op de Theems.

1871 Gebouwd als *Sunniside* voor Lumsden, Byers & Co. of voor Robert T. Nicholson beide te Sunderland.
1894 Verkocht aan John Y. Short te Sunderland, en niet herdoopt.
1895 Verkocht aan Standard Steam Shipping Co.Ltd. (Managers Speeding, Marshall & Co.) te Sunderland, en niet herdoopt.
1900 Aangekocht door de H.S.M., en herdoopt in *Vreede*. Speciaal aangekocht voor de Coaltar Pitch Trade (pekvervoer) van de gasfabrieken aan de Theems (de plaatsen Beckton & Silvertown) naar Amsterdam.
26-06-1901 Het schip is, varend in ballast, op weg van Amsterdam naar Londen (Engeland) als het op 8 mijl van *Kentish Nock* lichtschip (Straat van Dover) door het Britse ss *Stamfordham* (1898 - Brt 921) wordt aangevaren. De *Vreede* zinkt na de aanvaring, maar de gehele bemanning wordt gered.

10. ss VREEDE (II) 1901-1903.

Roepnaam: QBCK
Werf: James Laing & Co. Ltd., te Sunderland (Engeland).
Bouwnummer: 184.
Bouwjaar: 1872.
Brt 1010, Netto 618 ton, Draagvermogen 1200 ton.
Afmetingen: Lengte o.a. 70,93 m. (Lengte l.l. 67,83 m.) Breedte 9,20 m. Holte 5,39 m.
Machine: 2 cil. compound stoommachine, fabrikaat Thompson, Boyd & Co. te Newcastle-upon-Tyne (Engeland).
Machinevermogen: 500 ipk.
Snelheid: 8.5 zeemijl per uur.
1 dek (verhoogd achterdek), 2 masten, 3 laadbomen, 3 ruimen.
2 reddingsboten.

11-03-1872	Te water gelaten.
18-07-1872	Opgeleverd als *Ben Nevis* aan John Morrison & Son te North Shields (Engeland).
16-08-1898	Verkocht aan G. Elsmie & Sons te Aberdeen (Schotland), en niet herdoopt.
18-10-1899	Verkocht aan North Eastern Shipping Co. Ltd. (Managers G. Elsmie & Sons) te Aberdeen, en niet herdoopt.
13-09-1901	Aangekocht door de H.S.M., en herdoopt in *Vreede*. Speciaal aangekocht voor de Coaltar Pitch Trade (pekvervoer) van de gasfabrieken aan de Theems (de plaatsen Beckton & Silvertown) naar Amsterdam.
20-08-1903	Aangevaren op de rivier de Usk door het Spaanse ss *Luchana* (1873 - Brt 1059), en in de haven van Newport gezonken. De *Vreede* zinkt in vijf minuten. Het schip was, met een lading ijzer en cement, op weg van Antwerpen (België) naar Newport, Monmoutshire (Engeland).

De Vreede op de Noordzee op weg naar Amsterdam.

11. ss VRIJHEIT 1901-1903.

Roepnaam: QBMR
Werf: C.& W. Earle te Hull (Engeland).
Bouwnummer: 12.
Bouwjaar: 1856.
Brt 560, Netto 280 ton, Draagvermogen 700 ton.
Afmetingen: Lengte o.a. 60,50 m. (Lengte l.l. 59,70 m.) Breedte 8,05 m. Holte 4,11 m.
Machine: 2 cil. enkelvoudige stoommachine, fabrikaat C.& W. Earle te Hull.
Machinevermogen: 250 ipk.
Machine sinds 1879: 2 cil. compound stoommachine, fabrikaat Earle's Shipbuilding & Engineering Co. Ltd., te Hull.
Machinevermogen: 450 ipk.
Snelheid: 8 zeemijl per uur.

Duidelijk waarneembaar is de klippersteven van de Vrijheit.

2 dekken (verhoogd achterdek en tussendek), 2 masten, 3 laadbomen, 3 ruimen.
Het schip is uitgerust met een hulpzeil aan de voormast.
3 reddingsboten.

1856	Gebouwd als *Seahorse* voor W. & C.L. Ringrose te Hull. Het schip heeft een klippersteven.
1894	Verkocht aan Hull & Netherlands Steamship Co. Ltd. (Manager J.H.N. Ringrose) te Hull, en niet herdoopt.
1901	Aangekocht door de H.S.M., en herdoopt in *Vrijheit*. Het schip wordt ook wel gebruikt voor de Coaltar Pitch Trade (pekvervoer) van de gasfabrieken aan de Theems (de plaatsen Beckton & Silvertown) naar Amsterdam.
1902	Het schip vaart in charter voor de Hull & Netherlands Steamship Company te Hull, op de dienst Goole - Engeland - Amsterdam.
26-01-1903	Op weg van Goole (Engeland), naar Amsterdam onder gezag van kapitein Theesma met een lading stukgoed tijdens een zware storm op het strand geworpen, ongeveer twee en een halve mijl ten noorden van Wijk aan Zee. De oorzaak van deze stranding is onder andere slecht zicht vanwege mistig weer. Bovendien loopt het schip op een oud wrak, in dit geval van de sleepboot *Archimedes* (1850) van de Amsterdam Tug & Salvage Company (Zurmühlen) die in 1877 vergaan is. De lading stukgoed bestaat uit manufacturen, schoenen, zijden spek en uit klossen gesponnen katoen voor de textielindustrie. De bemanning wordt gered door de sleepboot *Simson* (1877) van de Amsterdam Tug & Salvage Company (Zurmühlen). Het schip wordt later total loss verklaard.

12. ss VEGHTSTROOM 1901-1915.

De Veghtstroom in de Zuidersluis te IJmuiden.

Roepnaam PWBR
Werf: Firma Rijkee & Co., te Rotterdam.
Bouwnummer: 103.
Bouwjaar: 1901.
Brt 1388 (in 1914: 1339 ton), Netto 829 ton (in 1914: 819 ton), Draagvermogen 1710 ton.
Afmetingen: Lengte l.l. 70,10 m. Breedte 10,06 m. Holte 5,36 m.
Machine: 3 cil. triple expansie stoommachine, fabrikaat N.V. Maatschappij voor Scheeps- en Werktuigbouw "Fijenoord" te Rotterdam.
Machinevermogen: 900 ipk.
Snelheid: 10 zeemijl per uur.
Uitgerust met een koelinstallatie.
1 dek (hoofddek en gedeeltelijk zonnedek), 2 masten, 7 laadbomen, 2 dekkranen, 3 ruimen.
Het schip is uitgerust met een hulpzeil aan de voormast.
2 reddingsboten.

24-01-1901	Te water gelaten.
1901	Het schip wordt ondermeer ingezet voor het vervoer van China-klei.
21-11-1914	Op weg van Plymouth (Engeland) naar Amsterdam, met een lading porseleinaarde aan de grond gelopen bij Murstone-Rock (zuidkust van Engeland). Het schip staat onder gezag van kapitein D.D. Rehderbehn. Het komt op eigen kracht vlot.
01-1915	Verkocht aan de N.V. Nederlandsche Stoomvaart Maatschappij Oceaan te Amsterdam, en niet herdoopt.
05-02-1915	Vertrekt vanuit Amsterdam naar Liverpool (Engeland), voor haar eerste reis onder de vlag van de N.S.M.O.
05-1917	Tijdens de Eerste Wereldoorlog wordt het schip, liggende te Middlesbrough (Engeland), door de Britse regering in beslag genomen krachtens het zogenoemde Angarierecht, en onder Britse vlag gebracht.
05-1917	Beheerd door A. Holt & Co., te Londen en niet herdoopt.
23-08-1917	Tijdens een reis van Penarth (Engeland) naar Le Havre (Frankrijk) met een lading steenkool op de Atlantische Oceaan zeven mijl ten noordwesten van Godrevy vuurtoren, Cornwall (Engeland) door de Duitse onderzeeboot *UC 47* getorpedeerd en gezonken. Bij de ondergang van het schip komen vijf opvarenden om het leven.

De Veghtstroom voor de kant aan de Handelskade in september 1907.

13. ss SCHELDESTROOM (I) 1903-1922.

Roepnaam: PRVL
Werf: Firma Rijkee & Co., te Rotterdam.
Bouwnummer: 108.
Bouwjaar: 1903.
Brt 1188 (in 1915: 1222 ton), Netto 723 ton (in 1915: 736 ton), Draagvermogen 1692 ton (in 1915: 1800 ton).
Afmetingen: Lengte o.a. 71,63 m. (Lengte l.l. 70,10 m.) Breedte 10,06 m. Holte 5,36 m.
Machine: 3 cil. triple expansie stoommachine, fabrikaat N.V. Maatschappij voor Scheeps- en Werktuigbouw "Fijenoord" te Rotterdam.
Machinevermogen: 750 ipk.
Snelheid: 9 zeemijl per uur.
Uitgerust met een koelinstallatie.
1 dek (verhoogd achterdek), 2 masten, 3 laadbomen, 4 dekkranen, 4 ruimen.
Het schip is uitgerust met een hulpzeil aan de voormast.
2 reddingsboten.
Accommodatie voor 1 passagier 1e klasse.
Het schip had aanvankelijk een zwarte romp, en vanaf 1906 een grijze romp.

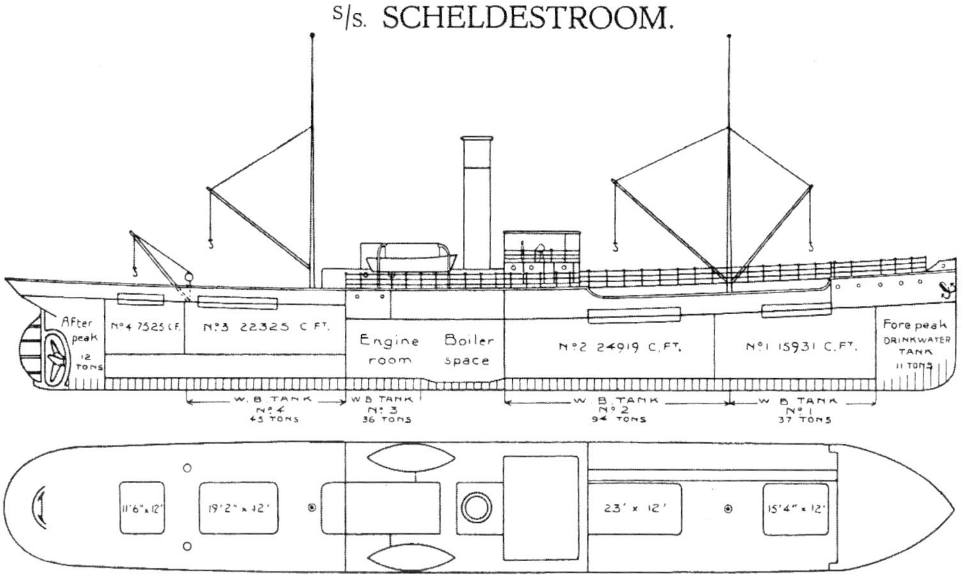

04-1903 Opgeleverd aan de H.S.M.
1903 Het schip wordt ondermeer ingezet op de Bristol-dienst.
08-12-1907 Tijdens reis 101 van de *Scheldestroom* van Amsterdam naar Plymouth (Engeland) onder gezag van kapitein H.J. Gerritsen, en geladen met stukgoed (hoofdzakelijk suiker), twintig minuten na middernacht in het Kanaal aangevaren door de Britse bark *Forfarshire* (1885 - Brt 1354). Op het moment van de aanvaring vaart de *Scheldestroom* op ongeveer 5 mijl uit de kust, en peilt Folkestone aan de stuurboodzijde. De aanvaring ontstaat doordat de *Forfarshire* met een snelheid van circa 15 zeemijl per uur voor een vliegende zuidwesterstorm uitvaart. Daardoor is het Britse schip slecht bestuurbaar en vaart recht op de *Scheldestroom* af. De schok is zo hevig dat de *Scheldestroom* bijna kapseist. De *Scheldestroom* wordt aan stuurboordzijde ter hoogte van de schoorsteen onder een bijna rechte hoek door de *Forfarshire* ingevaren. Tijdens de aanvaring springen drie matrozen over op de *Forfarshire*, welke na een paar seconden vrij van de *Scheldestroom* komt. Deze drie bemanningsleden worden aanvankelijk vermist aan boord, maar na twee dagen blijkt dat ze zijn overgesprongen op de *Forfarshire*. De *Scheldestroom* raakt bij de aanvaring zwaar beschadigd. De gehele stuurboordzijde van het schip, van de bovenkant van het brugdek tot ongeveer twee voet beneden de waterlijn, wordt opengereten. Door het ontstane gat stroomt het water via de stuurboord kolenbunker de machinekamer binnen. Ook op het brugdek is

De Scheldestroom vertrekt uit Fowey.

door de boeg van de *Forfarshire* een enorme verwoesting aangericht, o.a. zijn de trekstangen van de stoomstuurinrichting doorgesneden. Kapitein Gerritsen laat onmiddellijk het stuurrad achteruit aankoppelen, en geeft bevel om een sloep in gereedheid te brengen en de bemanningsleden van reddingsgordels te voorzien voor het geval het schip zal zinken. Het schip krijgt door het instromende water slagzij naar stuurboord, waardoor de bakboordsloep onbruikbaar wordt. Om 01.00 uur bereikt het water de vuren in de ketels, waarop deze worden gedoofd. Kort daarna stopt de machine, en stopt ook de elektrische installatie. Hierna wordt getracht een sloep te water te laten, maar deze slaat door de hoge zee om. De dertien inzittenden raken te water. De vijf overige bemanningsleden aan boord van de *Scheldestroom* doen alles om de drenkelingen uit het water te halen. Helaas komen zeven bemanningsleden, waaronder de kapitein, om het leven. Twee man kunnen aan boord worden gehaald. De vier anderen klampen zich vast aan de omgeslagen reddingsboot. Deze vier kunnen later worden gered. De *Scheldestroom* drijft naar de Engelse kust en scheert rakelings langs de pier van Folkestone. Om te voorkomen dat het schip op de klippen zal slaan worden de beide ankers uitgegooid. Ook worden vuurpijlen afgeschoten en noodseinen gegeven. Deze seinen worden beantwoord, en de reddingsboot van Folkestone neemt enkele bemanningsleden mee naar de wal. In de loop van de dag arriveert een sleepboot uit Dover bij de *Scheldestroom*. Als in de namiddag de storm met verdubbelde kracht begint aan te zwellen, zijn de overige bemanningsleden gedwongen het zwaar stotende schip te verlaten. Zij gaan 's avonds om 18.00 uur aan boord van de reddingsboot van Folkestone. De *Scheldestroom* blijft door haar waterdichte schotten drijven, het ligt echter te diep om naar Folkestone te slepen. In plaats daarvan wordt besloten het schip naar Dover te slepen. De beide ankers laat men slippen, waarna het schip door twee sleepboten naar Dover wordt gesleept. Na een onderzoek wordt de machinekamer leeggepompt. Na reparatie komt de *Scheldestroom* weer in de vaart.

Een illustratie uit een tijdschrift van 9 december 1907.

Het stoomschip „De Scheldestroom", dat in den nacht van den 7den op den 8sten Dec. nabij de Engelsche kust werd aangevaren, met het noodlottig gevolg, dat de kapitein en een gedeelte van de bemanning omkwamen. Portretten der verongelukten · Van *links* naar *rechts:* kapitein H. J. Gerritsen, matroos H. Molema, donkeyman J. H. Kolkmeijer, stoker H. Salm, tremmer C. Huisman.

05-02-1913) Varend in het Noordzeekanaal komt de *Scheldestroom* gedurende de nacht in aanvaring
06-02-1913) met het ss *Salland* (1905 - Brt 3550) van de Koninklijke Hollandsche Lloyd. De *Salland* is op de uitreis naar Zuid-Amerika, terwijl de *Scheldestroom* op de thuisreis vanuit Engeland is. De aanvaring ontstaat doordat de *Salland* uit het roer loopt. Het is de eerste reis van de *Salland* voor de K.H.L. De *Scheldestroom* raakt midscheeps boven de waterlijn en vooruit licht beschadigd. Na herstel komt ze weer in de vaart.

25-03-1918 Tijdens de Eerste Wereldoorlog wordt het schip, liggende te Hull (Engeland) door de Royal Navy gevorderd krachtens het zogenoemde Angarierecht en onder Britse vlag gebracht.

26-03-1918 Beheerd door The Shipping Controller (Managers Wm. Brown, Atkinson & Co. Ltd.) te Londen en niet herdoopt.

04-1919 Weer overgedragen aan de H.S.M.

06-1922 Verkocht aan W.H. van der Zee te Smyrna (Turkije), en herdoopt in *Helka* (met consulaire vergunning Nederlandse vlag).

1925 Verkocht aan Türkiye Seyr-i-Sefain Idaresi te Istanbul (Turkije), en herdoopt in *Zonguldak*.

1935 Verkocht aan Kirzade Sevki ve Sürekasi te Istanbul, en niet herdoopt.

1938 Verkocht aan Türk Silepçilik Ltd. Sirketi te Istanbul, en niet herdoopt.

1941 Verkocht aan T.C. Deniz Kuvvetleri-Transport (Turkse marine), en niet herdoopt.

De Scheldestroom loopt IJmuiden binnen.

1942 Verkocht aan Kömür Kollektif Sirketi Hamdi Selimôglu ve Serikleri te Istanbul, en niet herdoopt.

1950 Verkocht aan Ahmet Kalayçiôglu ve Yusuf Arisan te Istanbul, en niet herdoopt.

07-03-1954 Tijdens een reis van Istanbul naar Zonguldak (Turkije), varend in ballast halverwege in de Zwarte Zee op vier mijl van het eiland Kefken (Turkije) gezonken, in positie 41.19 NB en 30.23 OL, na een aanvaring in dichte mist met het Turkse ss *Yolaç* (1922 - Brt 3489). De gehele bemanning wordt gered.

14. ss AMSTELSTROOM (II) 1910-1917.

Roepnaam: NDCV
Werf: N.V. Maatschappij voor Scheeps- en Werktuigbouw "Fijenoord" te Rotterdam.
Bouwnummer: 237.
Bouwjaar: 1910.
Brt 1413, Netto 879 ton, Draagvermogen 1995 ton.
Afmetingen: Lengte o.a. 86,01 m. (Lengte l.l. 82,81 m.) Breedte 11,31 m. Holte 4,91 m.
Machine: 3 cil. triple expansie stoommachine, fabrikaat N.V. Maatschappij voor Scheeps- en Werktuigbouw "Fijenoord" te Rotterdam.
Machinevermogen: 1400 ipk.
Snelheid: 13.5 zeemijl per uur.
1 dek (gladdek), 2 masten, 6 laadbomen, 2 dekkranen, 3 ruimen.
4 reddingsboten.
Accommodatie voor 12 passagiers

09-1910 Opgeleverd aan de H.S.M.

21-09-1910 Vertrekt voor haar eerste reis.

21-09-1910 Het schip wordt ingezet op de zuidkust van Engeland.

23-03-1917 Tijdens een reis van Amsterdam naar Londen zwaar beschadigd door kanonvuur van de Duitse torpedoboten *V 44*, *G 86* en *G 87*, en door de bemanning verlaten op circa vijftig mijl ten noordwesten van IJmuiden, op 52.30 NB en 03.35 OL. Het schip stond onder gezag van kapitein Tj. Swart. Er vallen drie doden onder de bemanning bij deze aanval.

27-03-1917 Het ronddrijvende wrak wordt ongeveer 20 mijl oostzuidoost van het lichtschip *Noord-Hinder* ontdekt door de Duitse onderzeeboot *UB 10*, en met een torpedo tot zinken gebracht.

De Amstelstroom vol onder stoom in Engelse wateren.

15. ss VLIESTROOM (I) 1912-1949

Roepnaam: PWNM vanaf 1934 PIHK
Werf: Scheepsbouwwerf Van Vliet en Co., te Neder-Hardinxveld.
Bouwnummer: 94.
Bouwjaar: 1912.
Brt 655 ton, Netto 288 ton, Draagvermogen 845 ton.
Afmetingen: Lengte o.a. 55,17 m. (Lengte l.l. 52,79 m.) Breedte 8,53 m. Holte 3,84 m.
Machine: 3 cil. triple expansie stoommachine, fabrikaat Earle's Shipbuilding & Engineering Co. Ltd., te Hull (Engeland).
Machinevermogen: 630 ipk.
Snelheid: 10 zeemijl per uur.
1 dek (verhoogd achterdek), 2 masten, 3 laadbomen, 3 ruimen.
2 reddingsboten.
Accommodatie voor 1 passagier 1e klasse.
Het schip heeft aanvankelijk een grijze romp, later een zwarte romp.

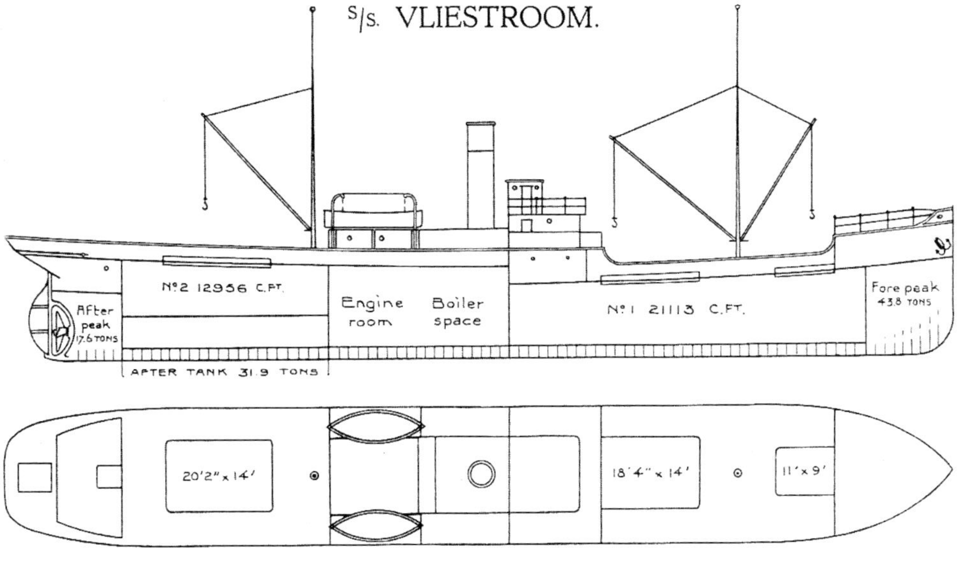

1911 Besteld door Shipping Investments Ltd. (Pile & Co Ltd.) te Londen (Engeland), en tijdens de bouw door de H.S.M. aangekocht.

01-02-1912 Te water gelaten.

02-03-1912 Opgeleverd aan de H.S.M.

03-09-1916 Het schip ligt bij de Blakeneyboei voor anker, waar het door een Duits luchtschip wordt aangevallen. Er worden in totaal vier bommen afgeworpen, 2 bommen vallen op twee meter afstand van het schip (één bom aan bakboord en één aan stuurboordkant) en 2 andere bommen vallen aan stuurboord op 25 meter afstand van het schip in zee. Het schip onder gezag van kapitein J. Hardeman loopt geen schade op.

06-1917 Door de Koninklijke Marine gebruikt als kolenboot ter begeleiding van pantserschip Hr. Ms. *Zeeland* (1897) van IJmuiden naar Thörshavn (Faeröer-eilanden).

25-03-1918 Tijdens de Eerste Wereldoorlog wordt het schip, liggende te Londen, door de Royal Navy gevorderd krachtens het zogenoemde Angarierecht en onder Britse vlag gebracht.

26-03-1918 Beheerd door The Shipping controller (Managers Robinson, Brown & Co.) te Londen en niet herdoopt.

04-1919 Weer overgedragen aan de H.S.M.

04-1919 Het schip wordt ondermeer ingezet op de zuidkust van Engeland en op de Hull-dienst.

10-05-1940 Vanuit Amsterdam naar Engeland uitgeweken.

16-05-1940 Vertrekt naar Fowey (Engeland) om te worden voorzien van een degaussinginstallatie.

29-03-1941 Tijdens een reis van Port Talbot naar Falmouth (Engeland) varend in een konvooi, aan de grond gelopen in de baai van Falmouth. Met behulp van de sleepboot *Goliath* (1921) weer los gekomen.

15-06-1941 Tijdens een reis van Maryport naar Briton Ferry (England) met een lading steenkool, tijdens laag water aan de grond gelopen. Het schip loopt hierbij geen schade op.

De Vliestroom voer maar liefst 37 jaar voor de H.S.M..

10-11-1941 Het schip komt in beheer bij de Nederlandse regering.

15-05-1942 Tijdens een reis van Penzance Bay naar Newport (Engeland) varend in een konvooi, komt de *Vliestroom* door een misverstand in aanvaring met de Nederlandse tanker *Agatha* (1927-Brt 3169). De *Vliestroom* raakt flink beschadigd, onder andere een gat boven de waterlijn, deuken in de huid enz. Na reparatie komt het weer in de vaart.

07-06-1944 Vertrekt om 19.00 uur in konvooi (Convoy EBC 2W) uit de Solent (Engeland) met een lading munitie voor de Amerikaanse troepen, naar "Omaha"-beach tijdens de invasie van Normandië (D-Day). De *Vliestroom* maakt totaal 18 reizen met munitie naar Normandië en andere havens en stranden.

07-1945 De *Vliestroom* arriveert voor de eerste keer na de oorlog weer in haar thuishaven Amsterdam.

Binnenlopen van IJmuiden.

18-08-1945	Arriveert te Antwerpen (België) voor een dokbeurt en een volledige survey, in opdracht van het British Ministry of War Transport.(B.M.W.T.), alvorens het schip wordt terug geleverd aan de Nederlandse regering en vervolgens aan de H.S.M.
12-01-1946	Na volledig in Antwerpen van 28 augustus 1945 tot 10 januari 1946 te zijn overhaald wordt het schip vrijgegeven.
04-1949	Verkocht voor f 100.000,- aan Tassos Sideratos te Piraeus (Griekenland), en herdoopt in *Chrysanthi*.
1952	Verkocht aan Eastern Mediterranean Soc. (Manager Tassos Sideratos), te Pireaus, en niet herdoopt.
14-10-1953	Lekgeslagen en gezonken tijdens een reis met een lading pek, van Venetië (Italië) naar Patras (Griekenland), op 30 mijl van Corfu, Straat van Otranto (Griekenland).

De Waalstroom in ballast op weg naar Fowey.

16. ss WAALSTROOM (I) 1913-1916.

Roepnaam: QBPH
Werf: A.Vuijk & Zonen te Capelle aan den IJssel.
Bouwnummer: 405.
Bouwjaar: 1913.
Brt 1441, Netto 870 ton, Draagvermogen 2114 ton.
Afmetingen: Lengte o.a. 84,73 m. (Lengte l.l. 82,35 m.) Breedte 11,34 m. Holte 5,33 m.
Machine: 3 cil. triple expansie stoommachine, fabrikaat G.T. Grey & Sons Ltd., te South Shields (Engeland).
Machinevermogen: 900 ipk.
Snelheid: 8 zeemijl per uur.
1 dek (verhoogd achterdek), 2 masten, 8 laadbomen, 4 ruimen.
3 reddingsboten.
Het schip heeft een grijze romp.

Met een lading porseleinaarde vertrekt het schip uit Fowey in augustus 1913.

19-05-1913	Proefvaart en opgeleverd aan de H.S.M. Het schip was speciaal gebouwd voor het vervoer van porseleinaarde tussen Plymouth en Fowey aan de zuidkust van Engeland naar Amsterdam.
27-06-1916	Tijdens een reis van Swansea (Engeland) naar Amsterdam met een lading steenkolen en stukgoed, onder gezag van kapitein J. Hardeman, op de Noordzee op 5 mijl ten noordoosten van het Shipwash lichtschip op 52.05 NB en 01.52 OL op een mijn gelopen en gezonken. Deze mijn was gelegd door de Duitse onderzeeboot *UC 6*. De 21 opvarenden worden gered door twee Britse onderzeebootjagers.

17. ss ZAANSTROOM (II) 1913-1915.

Roepnaam: QCVT.
Werf: De Rotterdamsche Droogdok Maatschappij N.V. te Rotterdam.
Bouwnummer: 40.
Bouwjaar: 1913.
Brt 1657, Netto 911 ton, Draagvermogen 1905 ton.
Afmetingen: Lengte o.a. 74,25 m. (Lengte l.l. 71,25 m.) Breedte 11,31 m. Holte 5,27 m.
Machine: 3 cil. triple expansie stoommachine, fabrikaat De Rotterdamsche Droogdok Maatschappij N.V. te Rotterdam.
Machinevermogen: 1500 ipk.
Snelheid: 12 zeemijl per uur.
1 dek (kuildek), 2 masten, 1 laadboom, 6 dekkranen, 3 ruimen.
4 reddingsboten.
Accommodatie voor 12 passagiers.

De Zaanstroom op de Theems op 14 juni 1914.

11-11-1913	Te water gelaten.
15-12-1913	Opgeleverd aan de H.S.M.
18-03-1915	Tijdens een reis van Amsterdam naar Londen (Engeland) onder gezag van kapitein T. Visser wordt het schip aangehouden op de Noordzee op ongeveer 16 mijl van het lichtschip *Maas* door de Duitse onderzeeboot *U 28*, en door een prijsbemanning opgebracht naar Zeebrugge (België).
01-06-1915	Tot krijgsbuit verklaard, en gebruikt als distilleerschip door de Duitse marine te Zeebrugge.
05-10-1918	Bij de ontruiming van hun basis in Zeebrugge tot zinken gebracht.
02-09-1919	Door een ploeg van de Britse Marine gelicht. Na herstel verkocht aan Société Navale Charbonnière te Antwerpen (België). Een dochter van de Scheepvaart & Steenkolen Maatschappij N.V. te Rotterdam, en herdoopt in *Westland*.
1920	Door de Belgen prijsverklaard.
15-03-1922	Overgedragen aan de Scheepvaart & Steenkolen Maatschappij N.V. te Rotterdam, en niet herdoopt.
20-01-1925	Vertrekt vanuit de Katendrechtsche haven te Rotterdam, voor een reis met stukgoed naar Leith (Schotland). Door een verkeerde beweging komt het schip in aanvaring met het Franse ss *Amiral l'Hermite* (1913 - Brt 325). Beide schepen lopen hierbij schade op.
07-1925	Verkocht aan de United Baltic Corporation Ltd. te Londen en herdoopt in *Baltannic*.
1942-1945	Tijdens de Tweede Wereldoorlog ligt het schip in Nieuw Zeeland als koelschip.
04-1949	Verkocht aan Imperial Chemical Industries Ltd., te Londen, en in gebruik als opslagschip voor explosieven in Loch Riddon, zuidpunt Cowal peninsula, Kyles of Bute (Schotland).
05-1958	De hulk wordt verkocht voor sloop aan West of Scotland Shipbreaking Co. te Troon, Firth of Clyde (Schotland).
05-06-1958	Arriveert op sleeptouw bij de sloper.

De Texelstroom op de rivier Avon vlak bij Bristol.

18. ss TEXELSTROOM (I) 1914-1915.

Roepnaam: PTMR.
Werf: N.V. Maatschappij voor Scheeps- en Werktuigbouw "Fijenoord" te Rotterdam.
Bouwnummer: 260.
Bouwjaar: 1914.
Brt 1601, Netto 961 ton, Draagvermogen 2400 ton.
Afmetingen: Lengte o.a. 83,39 m. (Lengte l.l. 74,20 m.) Breedte 12,25 m. Holte 5,12 m.
Machine: 3 cil. triple expansie stoommachine, fabrikaat N.V. Maatschappij voor Scheeps- en Werktuigbouw "Fijenoord" te Rotterdam.
Machinevermogen: 1200 ipk.
Snelheid: 10.5 zeemijl per uur.
2 dekken (verhoogd voordek, verlaagd achterdek, gedeeltelijk zonnedek), 2 masten, 6 laadbomen, 1 zware spier van 10 ton, 6 dekkranen, 4 ruimen.
4 reddingsboten.
Accommodatie voor 12 passagiers.

07-05-1913	Kiellegging.
07-01-1914	Te water gelaten.
13-03-1914	Proefvaart, en opgeleverd aan de H.S.M.
03-1914	Het schip wordt ingezet op de Bristol-dienst.
06-10-1915	Tijdens een reis van Swansea (Engeland) naar Amsterdam, met een lading stukgoed en steenkolen, onder gezag van kapitein F.C.E. Vos, op de Noordzee op vier mijl van het *Galloper* lichtschip ter hoogte van Sheerness (monding van de Theems) op een mijn gelopen en gezonken. Deze mijn is daar gelegd door de Duitse onderzeeboot *UC 7*, onder bevel van O.Ltn. Wäger. De bemanning van 21 koppen wordt gered.

19. ss BERKELSTROOM (I) 1915-1916.

Roepnaam: NGWH.
Werf: Scheepswerf en Machinefabriek De Merwede N.V. v.h. Van Vliet en Co., te Hardinxveld.
Bouwnummer: 116.
Bouwjaar: 1915.
Brt 736, Netto 366 ton, Draagvermogen 1005 ton.
Afmetingen: Lengte o.a. 56,42 m. (Lengte l.l. 54,06 m.) Breedte 8,87 m. Holte 3,69 m.
Machine: 3 cil. triple expansie stoommachine, fabrikaat Richardson te Middlesbrough (Engeland).
Machinevermogen: 650 ipk.
Snelheid: 9 zeemijl per uur.
1 dek (verhoogd achterdek), 2 masten, 3 laadbomen, 3 ruimen
2 reddingsboten.

De Berkelstroom bij de werf, enige dagen voor haar oplevering.

1914	Besteld door Shipping Investments Ltd. (Pile & Co Ltd.), te Londen (Engeland) en tijdens de bouw door de H.S.M. aangekocht.
27-05-1915	Te water gelaten.
07-07-1915	Opgeleverd aan de H.S.M.
24-04-1916	Het schip maakt, onder gezag van kapitein P.J.H.H. Kalishoek, een reis van Amsterdam naar Londen (Engeland) met een lading van 541 ton strocarton en levensmiddelen, toen het op de Noordzee op 79 mijl afstand van IJmuiden en op 16 mijl O 1/4 N van Outer Gabbard Buoy (Noord-Hinder) door een Duitse onderzeeboot wordt aangehouden. Kort daarna komt er een tweede onderzeeboot boven water. Na overleg tussen de beide Duitse commandanten wordt besloten ondanks protest van de kapitein de *Berkelstroom* tot zinken te brengen. De bemanning gaat in de sloepen, die op sleeptouw worden genomen door de *UB 18*. Na het in zicht komen van een Brits vliegtuig verdwijnt de *UB 18* onder water en wordt de gehele bemanning later opgepikt door de Britse kruiser HMS *Penelope* en in Harwich (Engeland) aan land gezet. Intussen is de *Berkelstroom* door de *UB 29* met springladingen tot zinken gebracht.

De Noordstroom met duidelijke neutraliteitskenmerken op de romp verlaat Fowey in 1918.

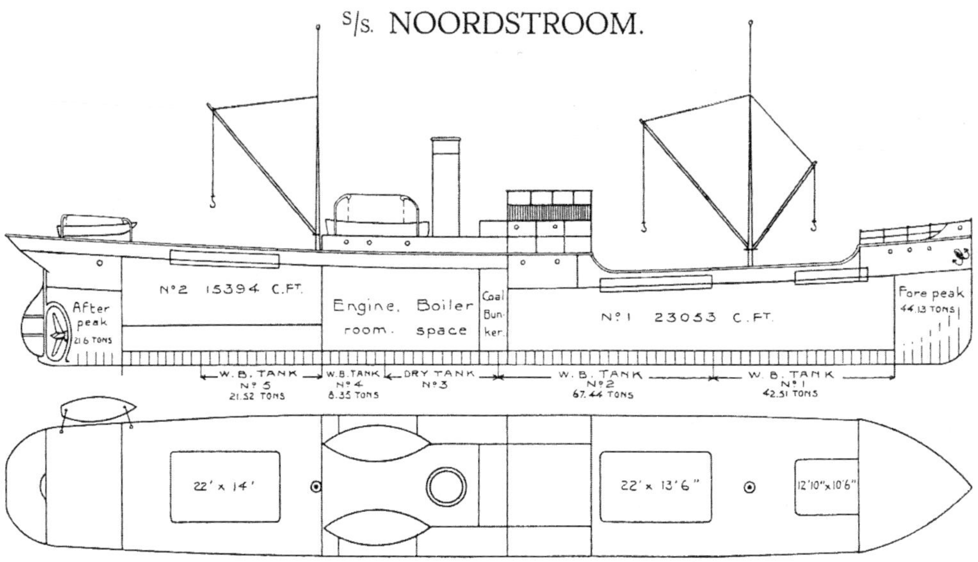

20. ss NOORDSTROOM 1917-1923.

Roepnaam: PNCD.
Werf: Scheepswerf en Machinefabriek De Merwede N.V. v.h. Van Vliet & Co., te Hardinxveld.
Bouwnummer: 120.
Bouwjaar: 1917.
Brt 738, Netto 341 ton, Draagvermogen 1000 ton.
Afmetingen: Lengte o.a. 58,52 m. (Lengte l.l. 56,39 m.) Breedte 8,84 m. Holte 4,45 m.
Machine: 3 cil. triple expansie stoommachine, fabrikaat Richardson Westgarth & Co. Ltd. te Middlesbrough (Engeland).
Machinevermogen: 500 ipk.
Snelheid: 9.5 zeemijl per uur.
1 dek (verhoogd achterdek), 2 masten, 3 laadbomen, 3 ruimen.
2 reddingsboten en 1 reddings/werkboot op het achterdek.

De Noordstroom onder de graanelevator.

22-09-1916	Te water gelaten.
04-01-1917	Proefvaart op de Zuiderzee.
07-01-1917	Opgeleverd aan de H.S.M.
1923	Verkocht aan J.E. Murrell & Son te West Hartlepool (Engeland) en niet herdoopt.
1924	Verkocht aan Murrell Steamship Company Ltd. te West Hartlepool en niet herdoopt.
21-12-1926	Verkocht aan A. Kirsten te Hamburg (Duitsland) en herdoopt in *Rhein*. Deed dienst op de lijn Amsterdam-Hamburg van Kirsten/van Es.
10-05-1940	Door de Nederlandse autoriteiten in de haven van Delfzijl tot zinken gebracht.
21-07-1940	Gelicht en naar Wesermunde (Duitsland) gesleept en bij Deschimag Werke te Seebeck (Duitsland) gerepareerd.
10-02-1942	Door Kirsten als *Miranda* weer in de vaart gebracht.
08-07-1944	Door een geallieerde luchtaanval bij Helgoland (Duitsland) ter hoogte van het lichtschip *Elbe I* tot zinken gebracht.
05-1945	Gelicht en na de oorlog te Frederikshaven (Denemarken) teruggevonden en opgelegd.
1950	Te Hamburg gesloopt.

21. ss LINGESTROOM (I) 1917-1937.

Roepnaam: PJGW, vanaf 1934 PFPC.
Werf: De Rotterdamsche Droogdok Maatschappij N.V. te Rotterdam.
Bouwnummer: 59.
Bouwjaar: 1917.
Brt 1480 (in 1934, 1350 ton), Netto 726 ton (in 1934, 599 ton), Draagvermogen 1698 ton (in 1934, 1610 ton).
Afmetingen: Lengte o.a. 77,72 m. (Lengte l.l. 74,16 m.) Breedte 11,28 m. Holte 5,67 m.
Machine: 3 cil. triple expansie stoommachine, fabrikaat De Rotterdamsche Droogdok Maatschappij N.V. te Rotterdam.
Machinevermogen: 1750 ipk.
Snelheid: 12.5 zeemijl per uur.
Uitgerust met een koelinstallatie.
2 dekken (1 spardek, 1 gedeeltelijk shelterdek), 2 masten, 1 laadboom, 6 dekkranen, 3 ruimen en 1 koelruimte.
4 reddingsboten.
Accommodatie voor 12 passagiers 1e klasse, accommodatie later uitgebreid tot 24 passagiers.

De Lingestroom op de Theems.

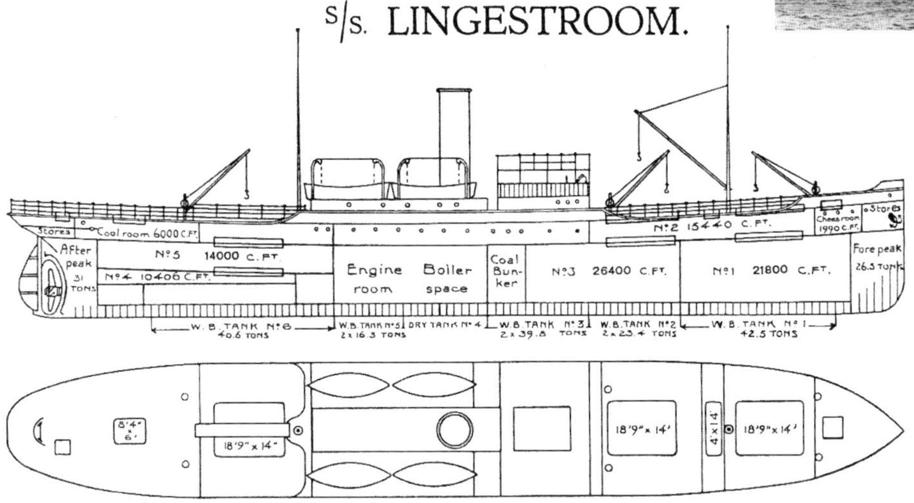

24-11-1916	Te water gelaten als *Lingestroom*.
14-07-1917	Proefvaart.
17-07-1917	Opgeleverd aan de H.S.M.
07-1917	Verkocht aan N.V. Stoomvaart Maatschappij Hoorn te Amsterdam, en niet herdoopt.
12-1917	Teruggekocht door de H.S.M., en niet herdoopt.
12-1917/ 01-1918)	Ergens in deze periode door de R.D.M. aan de H.S.M. opgeleverd. Het schip is in verband met de oorlog opgelegd.
11-1918	De belangen van N.V. Stoomvaart Maatschappij Hoorn worden door de H.S.M. overgenomen, waardoor de rederij volledig wordt opgenomen in de H.S.M.
22-11-1918	In dienst gesteld.
08-12-1918	Samen met de *Texelstroom* wordt het schip ingezet voor het vervoer van in ons land verblijvende Franse vluchtelingen, uit het door de Duitsers bezette Franse gebied naar Dieppe en Cherbourg in Frankrijk. De *Lingestroom* zal zes van deze reizen maken.
09-1919	Maakt een reis naar Danzig (Polen) en naar Hungerburg (Estland) om Polen en Russen te vervoeren.
04-1920	Door de Nederlandse Regering gecharterd, voor de evacuatie van Nederlanders uit Petrograd (Rusland).
21-04-1920	Vertrekt uit Nederland naar Reval (Estland), aan boord zijn 200 Russische ex-soldaten. Deze soldaten waren tijdens de Eerste Wereldoorlog van het Belgische front gedeserteerd, en sinds 1915 in Nederland geïnterneerd.
04-1920	Arriveert te Reval en vaart door naar Hungerburg bij Narva om de daar wachtende Nederlanders aan boord te nemen. Deze zijn de vorige dag daar per goederentrein aangekomen.

Het schip werd ingezet voor het vervoer van vluchtelingen.

03-05-1920	Vertrekt vanuit Hungerburg naar Nederland.
08-05-1920	Er wordt een passagierslijst aan boord bekend gemaakt.
11-05-1920	Aankomst te IJmuiden. Bij aankomst hangt de vlag aan boord van de *Lingestroom* halfstok, één van de passagiers, de (64-jarige) heer Czeides is aan boord overleden. De passagiers moeten direct na aankomst in quarantaine aan de Zeeburgerdijk te Amsterdam.
1920	Het schip wordt ondermeer ingezet op de Londen dienst.
30-08-1934	Door een defect aan de stuurmachine strandt de *Lingestroom* op de kop van de Noordpier in IJmuiden. Het schip loopt een groot gat op in het voorschip en ruim I loopt vol water. Met sleepboothulp wordt het losgetrokken en gerepareerd bij de Nederlandsche Dok Maatschappij N.V. te Amsterdam. De *Lingestroom* was met stukgoed op weg naar Bristol (Engeland).
12-1937	Verkocht aan Thesens's Steamship Co. Ltd. (Managers Mittchel Cotts & Co.), te Kaapstad (Zuid Afrika), onder Britse vlag gebracht en niet herdoopt.
1938	Herdoopt in *Griqua*.
10-1947	Verkocht aan Colonial Steamship Co. Ltd. (Managers Rogers & Co.), te Port Louis (Maritius), en herdoopt in *Charamel*. Britse vlag.
02-09-1949	Liggend te Saint Denis (Réunion), tijdens het lossen van kisten met petroleum na een explosie in brand geraakt. Het schip kapseist en zinkt. Volgens Dictionary of Disasters at Sea (Lloyd's Register) gezonken op 02-03-1949 te Pointe des Galets (Réunion).

S/S. TEXELSTROOM.

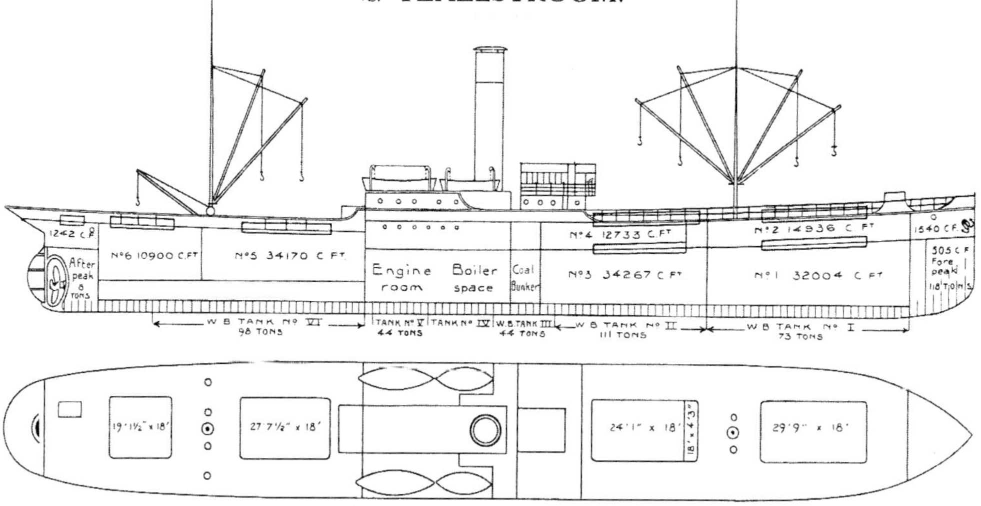

22. ss TEXELSTROOM (II) 1918-1941.

Roepnaam: PTMJ, vanaf 1934 PHYG.
Werf: N.V. Maatschappij voor Scheeps- en Werktuigbouw "Fijenoord" te Rotterdam.
Bouwnummer: 278.
Bouwjaar: 1918.
Brt 1617, Netto 968 ton, Draagvermogen 2736 ton.
Afmetingen: Lengte o.a. 86,26 m. (Lengte l.l. 82,90 m.) Breedte 12,19 m. Holte 5,79 m.
Machine: 3 cil. triple expansie stoommachine, fabrikaat N.V. Maatschappij voor Scheeps- en Werktuigbouw "Fijenoord" te Rotterdam.
Machinevermogen: 1200 ipk.
Snelheid: 10.5 zeemijl per uur.
Uitgerust met een koelruimte.
2 dekken (verhoogd achterdek, gedeeltelijk zonnedek en tussendek in ruim 1 en 2), 2 masten, 6 laadbomen, 1 zware spier van 10 ton, 6 dekkranen (later 2 dekkranen), 4 ruimen.
4 reddingsboten.
Accommodatie voor 8 passagiers, accommodatie later uitgebreid tot 12 passagiers.

Texelstroom verlaat een Engelse haven, let op de verkorte masten.

05-1915	Door de H.S.M. besteld.
06-10-1915	De *Texelstroom* (I) vergaat en het op stapel staande schip krijgt ook de naam *Texelstroom*.
04-1917	Te water gelaten.
07-1917	Verkocht aan N.V. Stoomvaart Maatschappij Hoorn te Amsterdam, en niet herdoopt.
1918	Medio dit jaar voltooid, maar het schip wordt opgelegd in verband met de oorlog.
11-1918	De belangen van de N.V. Stoomvaart Maatschappij Hoorn worden door de H.S.M. overgenomen, waardoor de rederij volledig wordt opgenomen in de H.S.M.
11-1918	Teruggekocht door de H.S.M., en niet herdoopt.
12-1918	Vertrek eerste reis naar Leith (Schotland) met machineonderdelen voor de Schotse spoorwegen.
21-12-1918	Samen met de *Lingestroom* wordt het schip ingezet voor het vervoer van in ons land verblijvende Franse vluchtelingen, uit het door de Duitsers bezette Franse gebied naar Dieppe en Cherbourg in Frankrijk. Het is de tweede reis van het schip.
25-12-1918	De *Texelstroom* strandt om een aanvaring te voorkomen met enkele vissersvaartuigen in het Oostgat om 07.30 uur heel dicht tegen de boulevard De Ruyter aan te Vlissingen. Het is de terugreis vanuit Dieppe.
27-12-1918	Men slaagt erin het schip weer vlot te brengen.
12-1919	Het schip wordt ondermeer ingezet op de Londen-dienst, de H.W.A.L.-dienst en de Mersey-dienst.
21-11-1929	Heeft in de haven van Swansea (Engeland) een aanvaring met het Britse ss *Lochee* (1918-Brt 1064) dat ernstig wordt beschadigd.
14-11-1934	De *Texelstroom* heeft tijdens dichte mist nabij Eastham (Engeland) een aanvaring met het Britse ss *Saint Brandan* (1930-Brt 917). De schade blijft beperkt.

Kerst 1918, gestrandt tegen de boulevard De Ruyter in Vlissingen.

10-05-1940	De *Texelstroom* staat te Amsterdam in dok en er wordt onmiddellijk begonnen het schip weer vaarklaar te maken.
13-05-1940	Het schip is vaarklaar. Met de grootste moeite slaagt men erin het schip, onder gezag van kapitein A.J.E. Lefering, door het gedeeltelijk geblokkeerde Noordzeekanaal naar IJmuiden te brengen. Het schip arriveert om 13.45 uur in de Noordersluis en verlaat de sluis om 14.22 uur en krijgt het bevel in IJmuiden te wachten.
14-05-1940	Er wordt radiomateriaal van de Koninklijke Marine aan boord gebracht en ook worden nog circa 25 burgers geëmbarkeerd. Tegen 16.00 uur worden 300 Duitse krijgsgevangenen met hun bewakers aan boord gebracht en om 17.00 uur vertrekt het schip naar zee.
15-05-1940	Het schip wordt gecontroleerd in de Downs, en vaart vervolgens naar Dover (Engeland), waar de burgers en krijgsgevangenen aan land gaan.
18-05-1940	Arriveert te Salford bij Manchester (Engeland), en ligt een poosje opgelegd.
06-07-1940	Wordt voorzien van brugversterkingen te Manchester.
03-10-1940	Arriveert te Lissabon (Portugal), waar zeven man deserteren, de bemanning wordt aangevuld met buitenlanders.
04-12-1940	Wordt bij White's Wharf te Swanscombe aan de Theems (Engeland), uitgerust voor de vaart op IJsland.
15-01-1941	Het schip komt onder gezag van de Britse Admiraliteit.
23-01-1941	Vertrekt voor haar eerste reis naar IJsland.
22-02-1941	Vertrekt van Reykjavik (IJsland) naar Hull (Engeland) met een lading vis. In positie 63.15 NB en 20.28 WL, dit is 25 mijl verwijderd van de zuidpunt van IJsland en ongeveer 12 mijl van Vestmannaeyjar eiland (IJsland), wordt de *Texelstroom* getorpedeerd en tot zinken gebracht door de Duitse onderzeeboot *U 108*. Om 22.54 uur Duitse tijd zinkt de *Texelstroom* in twee à drie minuten over de voorsteven weg. De *U 108* staat onder commando van Kapitän-Leutnant zur See Scholz. Alle opvarenden komen bij deze ramp om het leven. Het is Scholz' eerste reis als commandant op de gloednieuwe *U 108*, en de *Texelstroom* is zijn eerste slachtoffer.

Binnenlopend te IJmuiden.

23. ss DRECHTSTROOM 1918-1934.

Roepnaam: NMHB, vanaf 1934 PDSQ.
Werf: A.Vuijk & Zonen te Capelle aan den IJssel.
Bouwnummer: 452.
Bouwjaar: 1918.
Brt 1717, Netto 949 ton, Draagvermogen 2875 ton.
Afmetingen: Lengte o.a. 86,87 m. (Lengte l.l. 82,90 m.) Breedte 12,19 m. Holte 5,79 m.
Machine: 3 cil. triple expansie stoommachine, fabrikaat Werkspoor N.V. te Amsterdam.
Machinevermogen: 1200 ipk.
Snelheid: 10 zeemijl per uur.
Uitgerust met een ijskamer voor eigen gebruik.
2 dekken (verhoogd achterdek, gedeeltelijk zonnedek), 2 masten, 6 laadbomen, 1 zware spier van 10 ton, 2 dekkranen, 4 ruimen.
4 reddingsboten.
Accommodatie voor 8 passagiers 1e klasse, accommodatie later uitgebreid tot 12 passagiers.

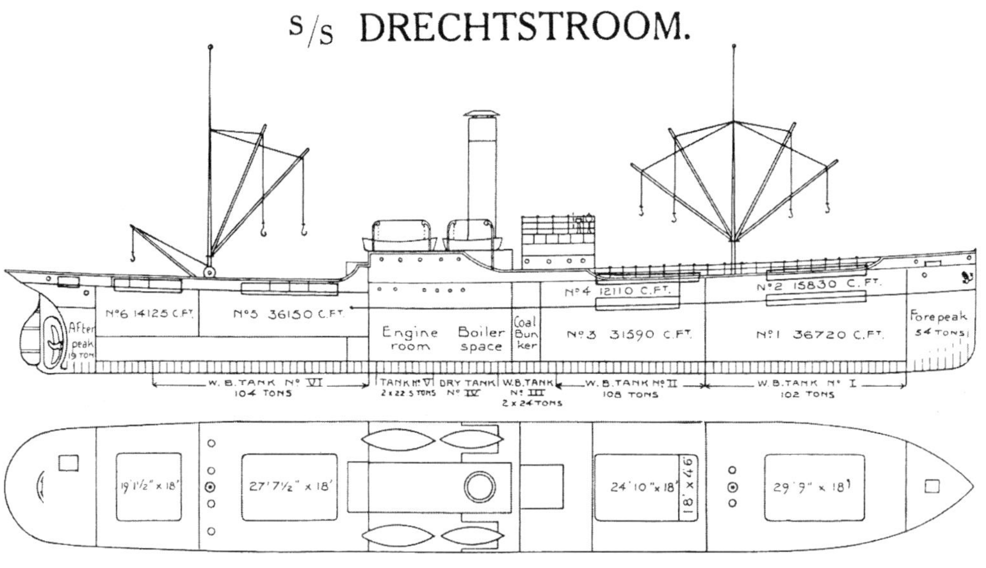

1918	Gebouwd volgens plannen van de H.S.M. (voor *f* 1 miljoen) als *Helder* voor N.V. Stoomvaart Maatschappij Hoorn te Amsterdam.
11-1918	De belangen van N.V. Stoomvaart Maatschappij Hoorn worden door de H.S.M. overgenomen, waardoor de rederij volledig wordt opgenomen in de H.S.M.
26-11-1918	De *Helder* maakt één reis van Rotterdam naar Amsterdam, en wordt te Amsterdam door de H.S.M. overgenomen en herdoopt in *Drechtstroom*.
28-11-1919	Vertrekt voor een driewekelijkse vrachtdienst naar West-Afrika.
25-12-1919	Vertrekt voor haar eerste reis in de H.W.A.L.-dienst.
1930	Maakt enkele charterreizen van Bordeaux (Frankrijk) naar Port Talbot (Engeland) met mijnstutten en kolen als retourlading.
16-01-1934	Verkocht voor *f* 50.000,- aan Sovtorgflot te Leningrad (Rusland), en herdoopt in *Vetluga*.
1959	Wordt nog in het Lloyds Register vermeld.
1960	Wordt niet meer in het Lloyd's Register vermeld, omdat het bestaan van het schip twijfelachtig is.

De Drechtstroom op de rivier Avon onder de Clifton Suspension Bridge.

24. ss BERKELSTROOM (II) 1919-1925.

Roepnaam: NCVD.
Werf: N.V. Wilton's Machinefabriek & Scheepswerf te Rotterdam.
Bouwnummer: 279.
Bouwjaar: 1917.
Brt 1324, Netto 790 ton, Draagvermogen 2123 ton.
Afmetingen: Lengte o.a. 76,50 m. (Lengte l.l. 73,15 m.) Breedte 11,06 m. Holte 5,49 m.
Machine: 3 cil. triple expansie stoommachine, fabrikaat N.V. Machinefabriek Wilton te Rotterdam.
Machinevermogen: 1000 ipk.
Snelheid: 9.5 zeemijl per uur.
1 dek (gladdek, bak- en kampanjedek), 2 masten, 7 laadbomen, 1 zware spier van 10 ton, 4 ruimen.
Geschikt voor het vervoer van ongeveer 650 standaard hout.
3 reddingsboten.

S/s. BERKELSTROOM.

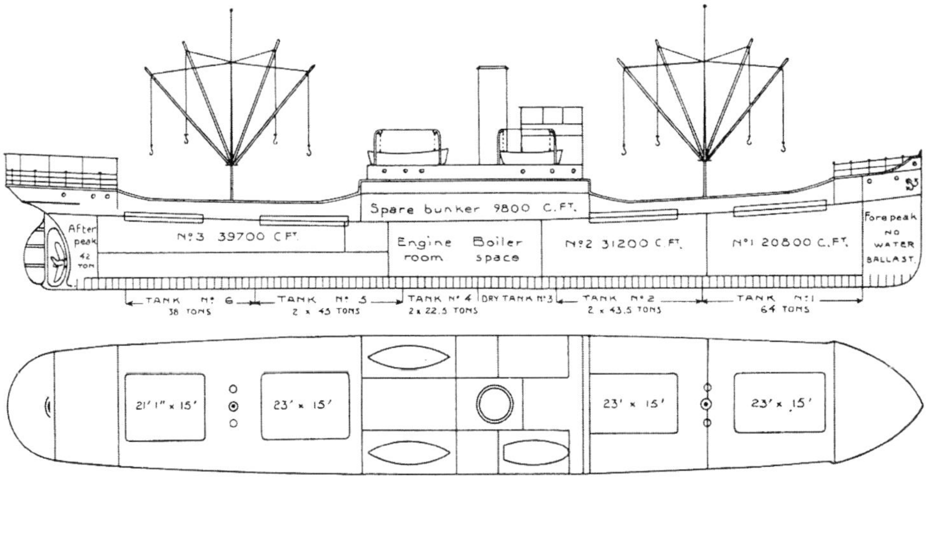

1917	Gebouwd als *Eigen Hulp I* voor rekening van de werf, en ondergebracht bij N.V.Stoomvaart Maatschappij Eigen Hulp I - Wilton's Machinefabriek en anderen (Opgericht op 27-02-1917) te Amsterdam.
03-05-1917	Het schip maakt haar proefvaart van Rotterdam naar Amsterdam, en wordt daar opgelegd.
19-05-1917	De aandelen van de rederij worden verkocht aan de Nationale Stoomvaart Maatschappij Soetermeer, Fekkes & Co. te Rotterdam. Het schip blijft opgelegd.
23-05-1917	Opgeleverd aan N.V. Stoomvaart Maatschappij Eigen Hulp I te Rotterdam, maar het blijft opgelegd.
06-1917	De aandelen van de rederij worden verkocht aan Frans Hoynck van Papendrecht te Bussum.
1917	Kort na de overname wordt het schip herdoopt in *Brederode*, met als thuishaven Amsterdam. Maar het blijft opgelegd.
10-06-1918	De naam van N.V. Stoomvaart Maatschappij Eigen Hulp I te Rotterdam wordt gewijzigd in Stoomvaart Maatschappij Brederode te Amsterdam.
11-1918	Aangekocht door de H.S.M. en niet herdoopt, maar het schip blijft opgelegd.
27-01-1919	Door de H.S.M. herdoopt in *Berkelstroom*.
06-02-1925	Verkocht aan Ravelston Steamship Co. Ltd. (Managers Gillespie & Nicol Ltd), te Grangemouth (Engeland) en herdoopt in *Laurieston*.
1945	Verkocht aan Malta Steamship Company Ltd. (Managers Jonason, Bray & Co.), te Valletta (Malta), en niet herdoopt. De thuishaven blijft Grangemouth.
1946	Door de eigenaar herdoopt in *La Valette*, de thuishaven wordt nu Valletta.
1951	Verkocht aan George & Alexander Portanier te Hamrun (Malta), en niet herdoopt. Thuishaven blijft Valletta.
08-1960	Verkocht voor sloop aan Baileys Ltd., op Malta, en aldaar gesloopt.

De Berkelstroom was ook geschikt voor het vervoer van hout.

25. ss WAALSTROOM (II) 1919-1924.

Roepnaam: QBPK.
Werf: N.V. C. van der Giessen & Zonen's Scheepswerven te Krimpen aan den IJssel.
Bouwnummer: 475.
Bouwjaar: 1917.
Brt 1351, Netto 784 ton, Draagvermogen 2238 ton.
Afmetingen: Lengte o.a. 75,28 m. (Lengte l.l. 72,27 m.) Breedte 10,97 m. Holte 5,52 m.
Machine: 3 cil. triple expansie stoommachine, fabrikaat N.V. Machinefabriek Hoogenland v/h Pannevis & Zn te Utrecht.
Machinevermogen: 850 ipk.
Snelheid: 9 zeemijl per uur.
Uitgerust met een ijskamer voor eigen gebruik.
1 dek (gladdek, bak- en kampanjedek), 2 masten, 8 laadbomen, 1 zware spier van 10 ton, 4 ruimen.
Geschikt voor het vervoer van ongeveer 650 standaard hout.
3 reddingsboten.

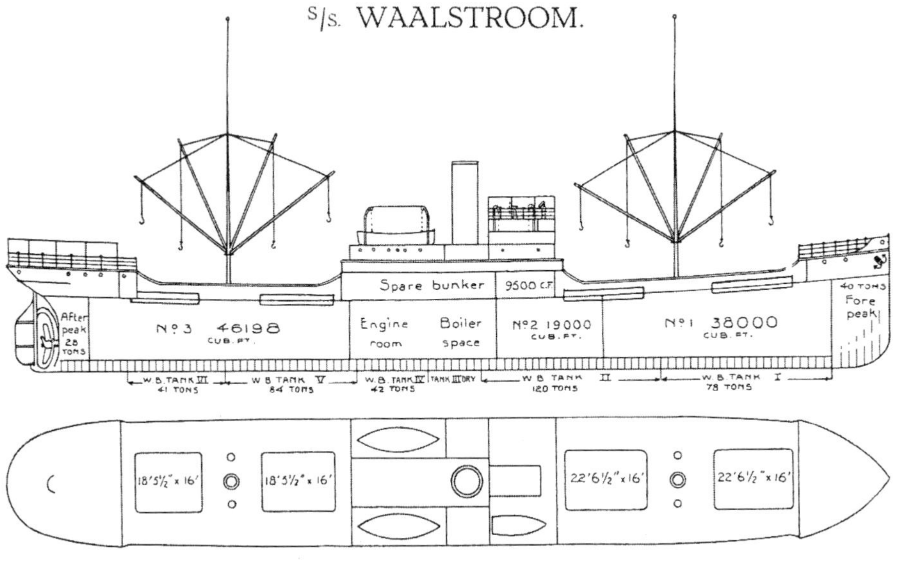

1916	Besteld als *Oostzee* door N.V. Stoomschip Oostzee (W. van Driel's Stoomboot Maatschappij & Transport Onderneming) te Rotterdam.
04-1917	Te water gelaten als *Oostzee*.
05-1917	Tijdens de afbouw verkocht aan N.V. Stoomvaart Maatschappij Oedenrode (Dir. Frans Hoynck van Papendrecht) te Amsterdam, en herdoopt in *Oedenrode*.
1918	Verkocht aan N.V. Stoomschip Oostzee (Dir. Frans Hoynck van Papendrecht) te Amsterdam, en niet herdoopt.
12-1918	Rederij door de H.S.M. overgenomen, het schip wordt niet herdoopt.
03-1919	Opgeleverd aan de H.S.M., en herdoopt in *Waalstroom*.
15-02-1920	Maakt enige reizen in de H.W.A.L.-dienst.
1924	Verkocht aan Skibs A/S Borgholm (Manager G. Gabrielsen) te Farsund (Noorwegen), en herdoopt in *Borgfred*.
28-03-1933	Tijdens een reis van Requejeda (Spanje) naar Eitrheim, nabij Odda, (Noorwegen) met een lading kopererts, gestrand bij Pointe du Raz, ten zuiden van Brest (Frankrijk).
03-04-1933	Vlot gebracht en naar Brest gesleept. Het schip is echter constructive total loss, en wordt voor sloop verkocht. Aan wie is onduidelijk, sommige bronnen vermelden aan een sloopbedrijf te Brest, maar andere bronnen vermelden dat het doorverkocht is naar een onbekende sloper.

De Waalstroom werd op stapel gezet als Oostzee.

26. ss GOUWESTROOM 1919-1934.

Roepnaam: NTVG, vanaf 1934 PEJW.
Werf: De Rotterdamsche Droogdok Maatschappij N.V. te Rotterdam.
Bouwnummer: 72.
Bouwjaar: 1917.
Brt 1432, Netto 874 ton, Draagvermogen 2235 ton.
Afmetingen: Lengte o.a. 78,64 m. (Lengte l.l. 74,68 m.)
Breedte 11,28 m. Holte 5,21 m.
Machine: 3 cil. triple expansie stoommachine, fabrikaat De Rotterdamsche Droogdok Maatschappij N.V. te Rotterdam.
Machinevermogen: 900 ipk.
Snelheid: 9 zeemijl per uur.
1 dek (verhoogd achterdek), 2 masten, 8 laadbomen, 4 ruimen.
Geschikt voor het vervoer van ongeveer 650 standaard hout.
3 reddingsboten.

De Gouwestroom te Fowey, China klei ladend.

S/s. GOUWESTROOM.

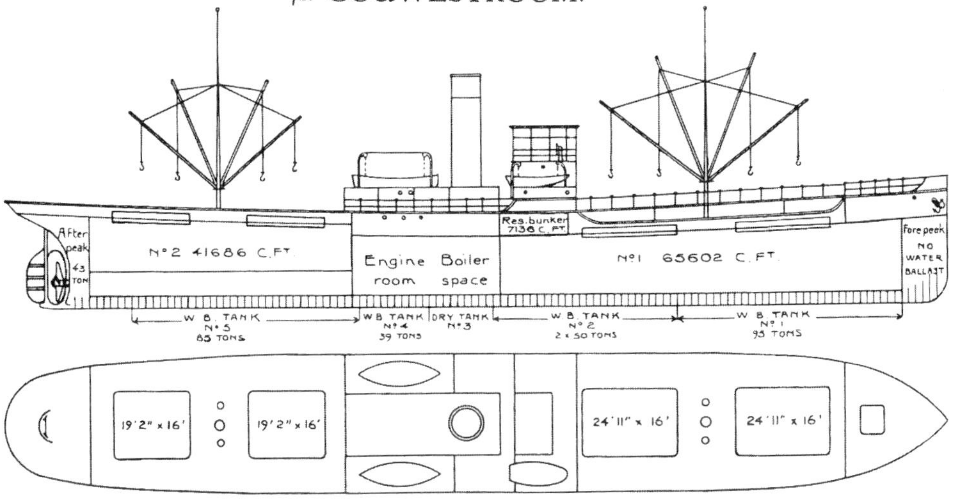

1917	Op stapel gezet als *Berkelstroom* voor de H.S.M., maar doordat de rederij bij de Duitsers op de zwarte lijst wordt geplaatst, wordt het bouwcontract in 1917 overgenomen door N.V. Stoomvaart Maatschappij Hoorn te Amsterdam (een dochter van de H.S.M.). De bouwkosten van het schip bedragen *f* 800.000,-
28-07-1917	Te water gelaten als *Hoorn*.
01-1918	Opgeleverd aan N.V. Stoomvaart Maatschappij Hoorn.
11-1918	De belangen van N.V. Stoomvaart Maatschappij Hoorn worden door de H.S.M. overgenomen, waardoor de rederij volledig wordt opgenomen in de H.S.M.
17-06-1919	Opgeleverd aan de H.S.M., en herdoopt in *Gouwestroom*.
04-02-1920	Maakt enige reizen in de H.W.A.L.-dienst.
11-1934	Verkocht aan Dampskibsselkkaget Hetland A/S (Manager T. Basse & Co.), te Kopenhagen (Denemarken), en herdoopt in *Arnaa*.
1935	Verkocht aan New Foundland West Indies Steamship Company Ltd. (Manager Olaf Olsen) te St. Johns (Canada), en herdoopt in *Marine Trader*. Britse vlag.
1939	Verkocht aan Scotto, Ambrosino, Pugliese Fils & Co te Oran (Algerije), en herdoopt in *Kristel*.
1958	Verkocht aan Compagnie Générale D'Armement S.A. te Monte Carlo (Monaco), en herdoopt in *Arcturus*.
11-1958	Verkocht voor sloop aan S.A.D.E.L. te Savona (Italië).
01-01-1959	Aanvang sloop.

Binnenlopen van de Gouwestroom in de Noordersluis te IJmuiden.

12-06-1959 Sloop gereed.

27. ss AMSTELSTROOM (III) 1919-1934.

Roepnaam: NDCV, vanaf 1934 PCPX.
Werf: N.V. Haarlemsche Scheepsbouw Maatschappij te Haarlem.
Bouwnummer: 55.
Bouwjaar: 1919.
Brt 1731 (in 1925:1568 ton), Netto 949 ton (in 1925: 935 ton), Draagvermogen 2989 ton (in 1925: 2060 ton).
Afmetingen: Lengte o.a. 85,65 m. (Lengte l.l. 82,29 m.) Breedte 10,97 m. Holte 5,67 m.
Machine: 3 cil. triple expansie stoommachine, fabrikaat N.V. Maatschappij voor Scheeps- en Werktuigbouw "Fijenoord" te Rotterdam.
Machinevermogen: 1300 ipk.
Snelheid: 12 zeemijl per uur.
Uitgerust met een ijskamer voor eigen gebruik.
2 dekken (verhoogd achterdek en gedeeltelijk tussendek), 2 masten, 6 laadbomen, 1 zware spier van 10 ton, 2 dekkranen, 3 ruimen, 1 klein ruim op het achterdek.
4 reddingsboten.

S/s. AMSTELSTROOM.

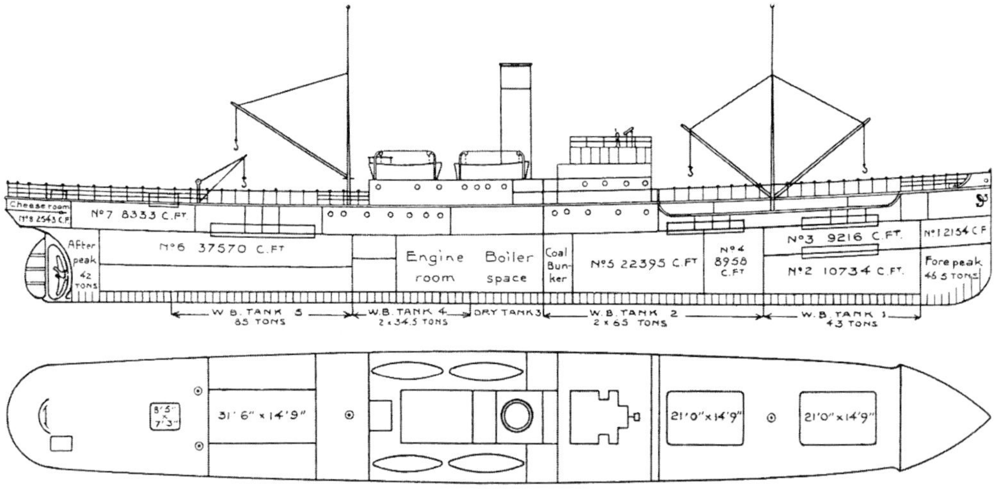

Accommodatie voor 12 passagiers 1e klasse, accommodatie later uitgebreid tot 18 en 22 passagiers.

1918 Besteld door P.A. van Es & Co. te Rotterdam.
23-07-1919 Te water gelaten en gedoopt als *Merwede*.
1919 Voor de afbouw gereed was aangekocht door de H.S.M. en herdoopt in *Amstelstroom*.
10-1919 Opgeleverd aan de H.S.M.
31-03-1934 Verkocht aan Eimskipafjélagid Isafold H/F (Manager G. Gudjonsson) te Reykjavik (IJsland), en herdoopt in *Edda*.
1941-1946 Verkocht aan Eimskipafjélagid Isafold H/F (Manager Gudjonsson te Reykjavik), en herdoopt in *Fjallfoss*.

Stomend op weg naar zee.

1946-1951 Verkocht aan H/F Eimskipsfjélagid Islands te Reykjavik, en niet herdoopt.
1951 Verkocht aan Sargena Società Armamento Gestione Navi SpA te Genua (Italië), en herdoopt in *Siderea*.
1957 Verkocht aan Mohammed A.Bakhashab te Jeddah (Saoedi-Arabië), en herdoopt in *Ommalgora*.
1968 Verkocht aan Orri Navigation Lines te Jeddah, en herdoopt in *Star of Taif*.
Nadat het schip een aantal jaren voor deze eigenaar heeft gevaren, wordt het bij Jeddah simpelweg "omhoog gezet". In de loop van de tijd is het schip op de wind-waterlijn volkomen doorgeroest, waardoor het vol water komt te staan, bovendien lopen de machinekamer en de ruimen vol met de nog resterende bunkerolie van het schip.
1978 Het wrak wordt opgeruimd door Ulrich Harms Bergung uit Hamburg (Duitsland), een dochtermaatschappij van de Bergingsmaatschappij Smit Tak uit Rotterdam. Teneinde het wrak vlot te brengen wordt begonnen het water uit de ruimen, onder de olie vandaan te pompen. Vervolgens wordt de olie, die door de hete zon gelukking dun vloeibaar is, uit het wrak gepompt. Vervolgens wordt het schip bijna over de gehele lengte van haar romp

Links: De Amstelstroom op de rivier Avon.

Ook onder Italiaanse vlag bleef het een fraaie stomer.

De Amstelstroom werd op 29 juni 1978 als Star of Taif tot zinken gebracht.

voorzien van "patches". (Houten betimmering die ervoor dient om een lek voorlopig te dichten.) Toen alle olie en water uit de ruimen en machinekamer was gepompt, bleef het schip echter vast zitten. Daardoor is men ook genoodzaakt de dubbele bodemtanks leeg te pompen. Het openen van deze tanks moest gebeuren bij een temperatuur van 50 graden celcius. Toen deze tanks leeg waren, kon men het schip vlot krijgen. Tijdens de sleep bleek het schip water te maken door vele kleine gaatjes in de huid. Deze gaten waren echter door een dikke roestlaag niet opgemerkt. Het schip wordt daarop opnieuw op het strand gezet. Na het verwijderen van de roestlaag wordt het schip voorzien van nog meer "patches" en krijgt zij bovendien een aantal pompen mee.

29-06-1978 De *Star of Taif* wordt de Rode Zee opgesleept en daar tot zinken gebracht. Het schip verdwijnt in 29 minuten onder water.

Op de romp werden "patches" aangebracht.

Met behulp van sleepboten werd het schip naar haar laatste rustplaats gebracht.

In 29 minuten verdween het schip onder water.

28. ss VECHTSTROOM (I) 1919-1941.

Roepnaam: PVWR, vanaf 1934 PIEG.
Werf: N.V. Haarlemsche Scheepsbouw Maatschappij te Haarlem.
Bouwnummer: 54.
Bouwjaar: 1918.
Brt 845, Netto 442 ton, Draagvermogen 1254 ton, later 1289 ton.
Afmetingen: Lengte o.a. 64,31 m. (Lengte l.l. 61,02 m.) Breedte 9,14 m. Holte 4,57 m.
Machine: 3 cil. triple expansie stoommachine, fabrikaat N.V. Burgerhout's Machinefabriek en Scheepswerf te Rotterdam.
Machinevermogen: 700 ipk.
Snelheid: 9.5 zeemijl per uur.
1 dek (verhoogd achterdek), 2 masten, 3 laadbomen, 3 ruimen.
Geschikt voor het vervoer van ongeveer 350 standaard hout.
3 reddingsboten.

De Vechtstroom als Energie II.

S/s. VECHTSTROOM.

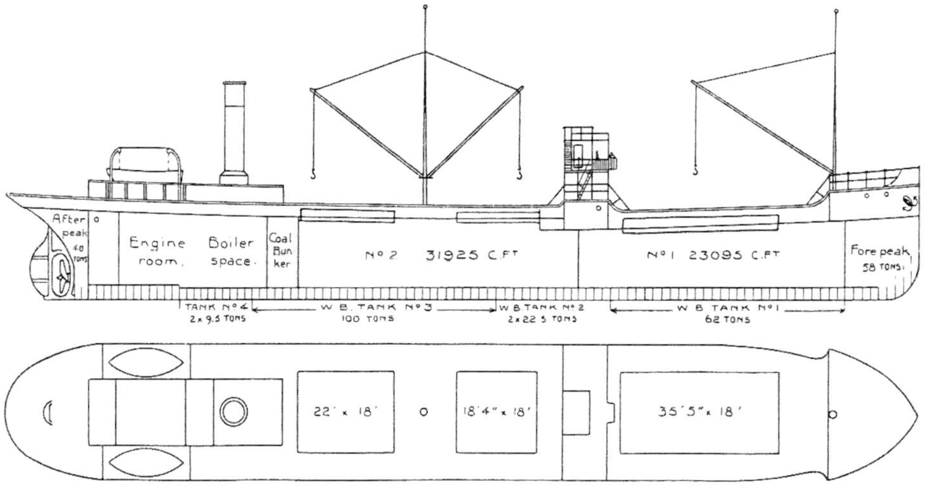

1918	Gebouwd als *Energie II* voor N.V. Stoomboot-Reederij J. & A. van der Schuyt te Rotterdam.
07-1918	Opgeleverd aan de Maatschappij.
1918	Verkocht aan N.V. Nederlandsche Scheepvaart Maatschappij Ruwaard te Rotterdam, onderdeel van de N.V. Nederlandsche Stoomvaart Maatschappij Bestevaer te Amsterdam. (Manager C. Goudriaan & Co te Rotterdam, deze voerde ook de directie over deze maatschappij.) en niet herdoopt.
10-1919	Aangekocht door de H.S.M., en herdoopt in *Vechtstroom*. Het was het eerste schip van de maatschappij met de machinekamer in het achterschip.
12-02-1927	Op weg van Amsterdam naar Hull (Engeland), geladen met carbid en houtskool is er brand uitgebroken in het voorruim. Door de vorming van koolmonoxide, welke de hut van kapitein P. Krijnen doordringt, is deze hierbij om het leven gekomen. De *Vechtstroom* keert terug naar IJmuiden en vaart vervolgens door naar Amsterdam, waar de brand onder controle wordt gebracht.
1933	Het schip voer toen op de Hull-dienst.
10-05-1940	Arriveert in Amsterdam en vertrekt op 12-05-1940 onder gezag van kapitein F.H. Colenbrander naar Londen (Engeland).
16-05-1940	Vertrekt via Gravesend en Dover naar Fowey (Engeland), om te worden voorzien van een degaussinginstallatie.

Eind jaren '30, ladend in de Binnenhaven.

08-1940/ 06-1941	In deze periode vaart het schip hoofdzakelijk langs de oostkust van Engeland, en voornamelijk tussen Londen en Blyth.
22-09-1941	Tijdens een reis van Hull naar Londen (Engeland) met een lading steenkolen door een Duitse luchtaanval op de Noordzee bestookt met bommen. Eén bom raakt het achterschip, waardoor een lek ontstaat.
23-09-1941	Het schip maakt zoveel water, waardoor het niet te behouden is. Het zinkt om 08.05 uur in positie 53.47 NB en 00.28 OL in 18 vadem diep water. De gehele bemanning bleef ongedeerd.

DE STAKING IN ENGELAND EN ONZE SCHEEPVAART. — In verband met de Engelsche staking heeft de directie van de Holl. Stoomboot Mij. besloten voorloopig geen enkel schip meer naar Engeland te doen afva[illegible] de „Vechtstroom" en de „Maasstroom" aan de kade.

Langszij de Maasstroom aan de Handelskade op 5 mei 1926.

Onder: Het eerste schip van de Maatschappij met de machinekamer in het achterschip.

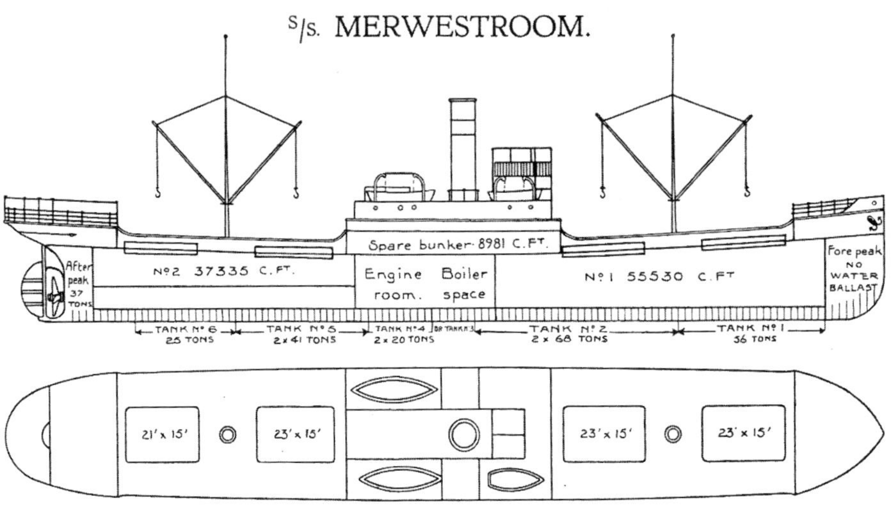

29. ss MERWESTROOM 1920-1923.

Roepnaam: PMCN.
Werf: N.V. Gashouderbouw en Scheepswerf v/h Jonker & Stans te Hendrik-Ido-Ambacht.
Bouwnummer: 138.
Bouwjaar: 1919.
Brt 1295, Netto 770 ton, Draagvermogen 2052 ton.
Afmetingen: Lengte o.a. 74,98 m. (Lengte l.l. 72,11 m.) Breedte 11,06 m. Holte 5,49 m.
Machine: 3 cil. triple expansie stoommachine, fabrikaat N.V. Machinefabriek Bolnes v.h. J.H. van der Cappellen te Bolnes.
Machinevermogen: 900 ipk.
Snelheid: 9 zeemijl per uur.
1 dek (gladdek), 2 masten, 4 laadbomen, 4 ruimen.
Geschikt voor het vervoer van ongeveer 660 standaard hout.
3 reddingsboten.

De Merwestroom langszij een kolentip in een Engelse haven.

1919 Gebouwd als *Falcon* voor Nielsen, Falck, Pedersen & Co. te Kristiania (Noorwegen).
1919 Contract geannuleerd door de Noren i.v.m. financiële problemen.
11-1919 Te water gelaten.
12-1919 Afgebouwd en opgelegd door de werf.
1920 Aangekocht door de H.S.M., en herdoopt in *Merwestroom*.
11-1923 Verkocht aan Société Anonyma des Hauts Fourneaux de Nouméa te Noumea (Nieuw Caledonië).
01-1924 Opgeleverd en herdoopt in *St.Vincent de Paul*.
1927 Verkocht aan Société Anonyma Caledonia (Managers C.W. Gordon & W.M. Reeves) te Noumea, en niet herdoopt.
1931 Verkocht aan Société Anonyma. Caledonickel de Noumea & Ren (Managers C.W. Gordon & W.M. Reeves), te Noumea, en niet herdoopt.
1938 Verkocht aan C.W. Gordon, W.M. Reeves & G.E. Marden (Managers Herlofsen, Gordon & Reeves) te Shanghai (China), en niet herdoopt. Britse vlag.
14-12-1941 Liggende te Hong Kong door de eigen bemanning tot zinken gebracht.
1942 Door de Japanners gelicht, hersteld en in de vaart gebracht als *Kyuryu Maru* voor het Gouvernement van Japan.
24-02-1945 Bij de ingang tot de haven van Bangkok (Thailand), in positie 13.45 NB en 100.35 OL op een Britse mijn gelopen, gezonken en verloren gegaan.

De Zaanstroom nog met open brug .

30. ss ZAANSTROOM (III) 1920-1950.

Roepnaam: QCVW, vanaf 1934 PIVY.
Werf: N.V. Haarlemsche Scheepsbouw Maatschappij te Haarlem.
Bouwnummer: 58.
Bouwjaar: 1920.
Brt 1646 (in 1924: 1519 ton), Netto 879 ton (in 1924: 912 ton), Draagvermogen 2163 ton (in 1941: 2224 ton).
Afmetingen: Lengte o.a. 82,91 m. (Lengte l.l. 80,16 m.) Breedte 11,28 m. Holte 5,67 m.
Machine: 3 cil. triple expansie stoommachine, fabrikaat N.V. Maatschappij voor Scheeps- en Werktuigbouw "Fijenoord" te Rotterdam.
Machinevermogen: 1800 ipk.
Snelheid: 12 zeemijl per uur.
Uitgerust met een koelinstallatie.
2 dekken (verhoogd achterdek), 2 masten, 6 laadbomen, 1 zware spier van 10 ton, 2 dekkranen, 3 ruimen, 1 klein ruim op het achterdek.
4 reddingsboten.
Accommodatie voor 12 passagiers 1e klasse, later teruggebracht tot 1 passagier.

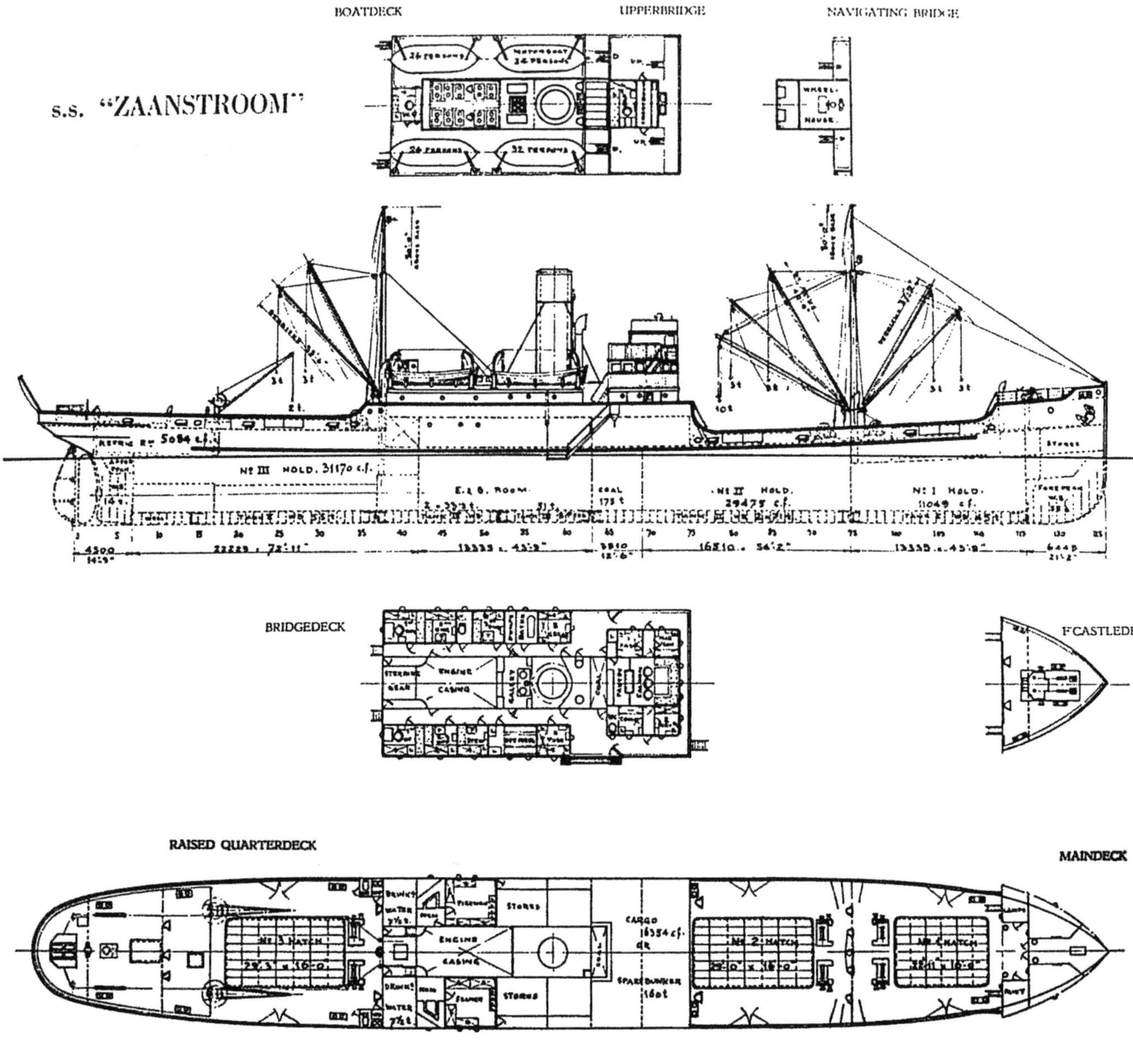

De fraaie lijnen van de Zaanstroom.

De Zaanstroom als Hundseck in Rotterdam.

1919	Door de H.S.M. besteld.
1920	Te water gelaten.
11-1920	Opgeleverd aan de H.S.M.
16-05-1940	Vertrekt via Gravesend en Dover naar Fowey (Engeland), om te worden voorzien van een degaussinginstallatie.
07-1941/ 08-1943	In deze periode vaart het schip in een dienst op en rond IJsland.
09-1943	Het schip komt in beheer bij het British Ministry of War Transport (B.M.W.T.) en wordt ingezet bij de bevoorrading van de Britse troepen in Italië en Noord-Afrika. Het vaart regelmatig tussen Malta-Sicilië-Napels-Brindisi-Livorno en soms ook Noord-Afrika. Ook maakt het reizen naar de Rode Zee.
14-10-1945	Arriveert voor de eerste maal weer in Nederland en lost een lading cement in Rotterdam.
19-10-1945	Aankomst in haar thuishaven Amsterdam, waar ze na een grote dokbeurt weer in de vaart komt voor de H.S.M.
06-1949	Komt in aanvaring bij IJmuiden met de Noorse tanker *Skotaas* (1931 - Brt 8190) en loopt daarbij een groot gat op juist boven de waterlijn. Na reparatie komt ze weer in de vaart.
22-03-1950	Verkocht voor *f* 200.000,- aan Deutsche Dampfschiffahrts Gesellschaft Hansa Linie te Bremen (Duitsland), en herdoopt in *Hundseck*.
09-06-1951	Verkocht aan Adolf Wiards & Co. te Hamburg (Duitsland), en herdoopt in *Catharina Wiards*.
11-1954	Verkocht aan Ripa Compañia de Navegación S.A. te Panama.
04-1955	Opgeleverd en herdoopt in *Katerina S.*
1956	Het schip komt onder Libanese vlag (Managers Geo. Sigalas & Sons), Thuishaven Beirut.
01-1958	Verkocht aan G. Sigalas & Sons te Piraeus (Griekenland), en herdoopt in *Ais Giorgis*.
08-06-1960	Te Piraeus opgelegd.
11-1960	Verkocht voor sloop naar Perama (Griekenland).
30-11-1960	Arriveert bij de sloopwerf te Perama.

Op het IJ te Amsterdam.

31. ss SPAARNESTROOM (I) 1920-1925.

Roepnaam: PSQR.
Werf: N.V. Boele's Scheepswerven & Machinefabriek te Slikkerveer.
Bouwnummer: 613.
Bouwjaar: 1920.
Brt 921, Netto 466 ton, Draagvermogen 1353 ton.
Afmetingen: Lengte o.a. 62,48 m. (Lengte l.l. 59,44 m.) Breedte 9,45 m. Holte 4,57 m.
Machine: 3 cil. triple expansie stoommachine, fabrikaat N.V. Boele's Scheepswerven & Machinefabriek te Slikkerveer.
Machinevermogen: 650 ipk.
Snelheid: 10 zeemijl per uur.
1 dek (verhoogd achterdek), 3 masten, 3 laadbomen, 2 ruimen.
Geschikt voor het vervoer van hout.
3 reddingsboten.

De Spaarnestroom vlak voor oplevering bij de werf.

S/s. SPAARNESTROOM.

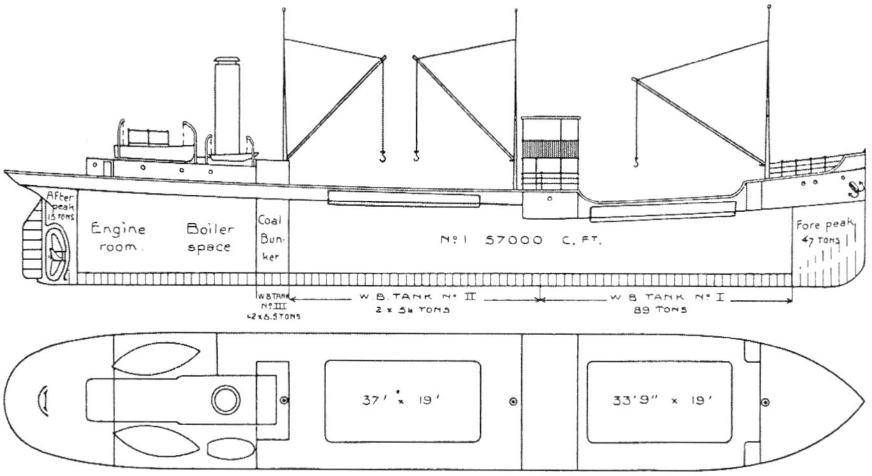

1919	Kiellegging.
17-06-1920	Proefvaart en opgeleverd aan de H.S.M.
02-1925	Verkocht aan Burnside Steamship Co. Ltd. (managers J. Robert Balfour & Smail) te Glasgow (Schotland), en herdoopt in *Burnside*.
05-02-1928	Tijdens een reis van Goole (Engeland) naar Pasajes (Spanje) met een lading steenkolen op een onbekend wrak gestoten, en op 15 mijl van Ile Blaze (westkust van Frankrijk) gezonken in positie 49.21 NB en 3.20 WL.

32. ss HONTESTROOM (I) 1921-1943.

Roepnaam: PBSF vanaf 1934 PESY.
Werf: N.V. Haarlemsche Scheepsbouw Maatschappij te Haarlem.
Bouwnummer: 59.
Bouwjaar: 1921.
Brt 1857, Netto 1075 ton, Draagvermogen 2454 ton.
Afmetingen: Lengte o.a. 82,90 m. (Lengte l.l. 80,16 m.) Breedte 11,28 m. Holte 5,67 m.
Machine: 3 cil. triple expansie stoommachine, fabrikaat N.V. Maatschappij voor Scheeps- en Werktuigbouw "Fijenoord" te Rotterdam.
Machinevermogen: 1800 ipk.

Snelheid: 12 zeemijl per uur.
Uitgerust met een koelinstallatie en koelruimte.
2 dekken (verlaagd achterdek, gedeeltelijk shelterdek en tussendek), 2 masten, 6 laadbomen, 1 zware spier van 10 ton, 2 dekkranen, 3 ruimen, 1 klein ruim op het achterdek.
4 reddingsboten.
Accommodatie voor 12 passagiers 1e klasse.
Het schip heeft aanvankelijk een zwarte romp, later een grijze romp.

Binnenlopend in de sluizen van IJmuiden.

De Hontestroom maakte ook enkele reizen naar West-Afrika.

1920	Kiellegging.
21-04-1921	Proefvaart.
05-1921	Opgeleverd aan de H.S.M.
05-1921	Het schip wordt ingezet op de Londen-dienst.
1922	Maakt enige reizen in de H.W.A.L.-dienst.
30-12-1928	Tijdens een reis van Amsterdam naar Londen heeft het ter hoogte van Gravesend (Engeland) in de monding van de Theems een aanvaring.
26-01-1940	Op weg van Londen naar zee heeft de *Hontestroom* een aanvaring met de van zee komende Nederlandse coaster *Pinguin* (1934 - Brt 197) van Mees Cremer uit Hoogezand in de monding van de Theems. Door een verkeerde manoeuvre van het eveneens uitgaande Engelse ss *Lestrix* (1924 - Brt 2600) die wilde ankeren en plotseling bakboord roer geeft, raakt de binnenkomende *Pinguin* met haar stuurboord achterschip vol de boeg van de *Hontestroom*. Deze loopt lichte schade op, maar kan haar reis vervolgen. De *Pinguin* raakt bij de aanvaring zwaar beschadigd.
10-05-1940	Het schip ligt geladen ten anker bij Gravesend, maar krijgt opdracht naar Londen te varen om te lossen, en vervolgens naar Fowey (Engeland) op te stomen om te worden voorzien van een degaussinginstallatie.

S/s. HONTESTROOM.

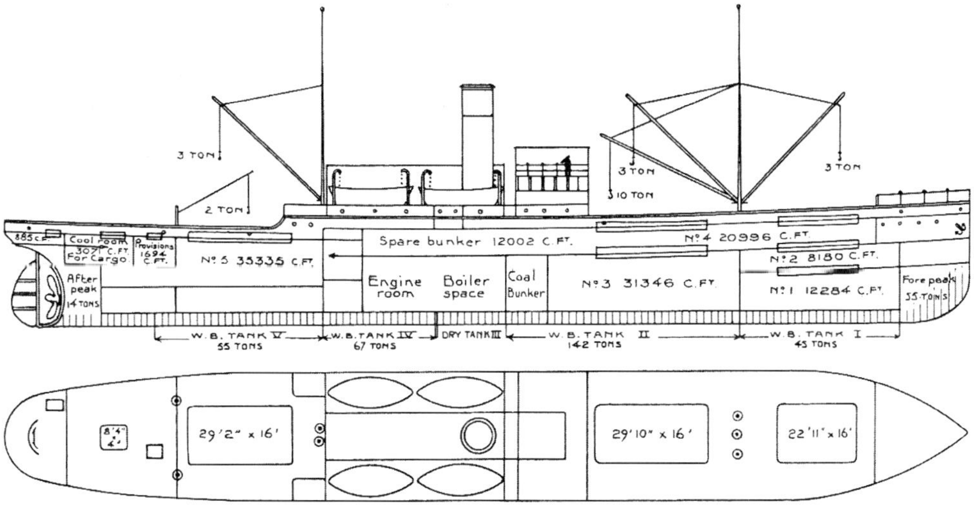

De Hontestroom op de foto met grijze romp, maakte slechts drie reizen als Rescue ship tijdens W.O. II.

06-1940 In beheer van Turnbull Scott & Co. Ltd. te Londen.

01-10-1940 Gevorderd door de Britse Admiraliteit.

11-01-1941 Vertrekt voor haar eerste reis als Convoy Rescue Ship nadat zij hiervoor de nodige aanpassingen in Bristol heeft ondergaan. Dit houdt in dat het schip achter een konvooi aanvaart en hulp biedt waar dat nodig mag zijn. Het schip voldeed echter niet en zou maar drie reizen maken als Rescue Ship waarin zij 86 schipbreukelingen wist te redden.

15-01-1941 Het schip komt onder gezag van de Britse Admiraliteit.

12-05-1941 Vertrekt uit Gourock (Schotland) voor de laatste maal als Rescue Ship achter een konvooi richting Groenland. Op 20 mei krijgt het de order naar overlevenden uit te zien van negen getorpedeerde schepen. De *Hontestroom* onder gezag van kapitein J. Pals stoomt op naar de opgegeven positie in de buurt van de zuidpunt van Groenland. Daar pikt men 69 schipbreukelingen van drie schepen op die te Reykjavik (IJsland) aan land worden gezet. Op 31 mei vertrekt het schip met de geredde bemanningsleden naar Gourock. Op 2 juni wordt de *Hontestroom* aangevallen door een Duits watervliegtuig. Door de felle afweer van het schip kan het vliegtuig niet meer dan wat lichte schade aanrichten. Helaas valt er wel één dode te betreuren bij deze aanval, de Britse kanonnier G. Probert. Kapitein Pals wordt door een kogel in zijn buik geraakt en 13 opvarenden zijn gewond.

27-06-1941 Hersteld en weer ingericht als vrachtschip te Glasgow (Schotland).

03-03-1943 De *Hontestroom* vertrekt van Liverpool (Engeland) naar Loch Ewe in de noordwesthoek van Schotland met bestemming Reykjavik. Het schip, geladen met een lading cokes, staat onder gezag van kapitein W. Jonker. Het vaart in een konvooi van vijf schepen met begeleiding van een destroyer. De *Hontestroom* wordt echter opgehouden en mist daardoor het konvooi. Besloten wordt de reis alleen voort te zetten.

14-03-1943 Om 07.00 uur v.m. krijgt men aan boord IJsland in zicht. Om 08.00 uur neemt de 3e stuurman de wacht over, het vuur van Reyjanes is goed te zien, het is goed weer met een kalme zee. Om 10.00 uur n.m. ziet de 3e stuurman het licht van Reykjanes op (naar zijn schatting) ongeveer 2.5 mijl afstand in O.Z.O.-richting. Daarop laat hij de koers iets wijzigen. Om 23.35 uur n.m. passeert men het licht van Stafnes op ongeveer 3 mijl afstand, en volgt weer een koerswijziging.

15-03-1943 Om 12 minuten na middernacht komt de 2e stuurman op de brug. Men ziet het licht van Skagi ongeveer dwars aan stuurboord. Beide stuurlui denken dat het schip op ongeveer 2 of 3 mijl afstand van dat licht vaart. Op 2 à 4 streken aan stuurboord ziet men een twintigtal witte lichten, deze blijken toe te horen aan een aantal vissersschepen. De tweede stuurman laat daarop 3 streken stuurboord geven. Hierdoor komen twee van de dichtstbijzijnde schepen recht vooruit, en komt het vuur van Skagi 3 à 4 streken op de stuurboordboeg. Om 22 minuten na middernacht loopt het schip op het Skagerif aan de zuidwestkust van IJsland. De machine wordt op vol vermogen achteruit gezet, en de kapitein wordt gewaarschuwd. Aanvankelijk stoot het schip zwaar op de rotsen, maar na een korte tijd houdt het stoten op. De kapitein concludeert daaruit dat het schip zwaar geboeid zit, hij laat de machine stop zetten. De voorpiek en ruim I maken zoveel water dat de pompen het niet bij kunnen houden. Ruim II en de machinekamer zijn eveneens lek geraakt, maar hier kunnen de pompen het water bijhouden. Om 01.50 uur seint de kapitein een verzoek naar Reykjavik om sleepboten te sturen. Om 04.05 uur arriveert een sleepboot, later gevolgd door een tweede. Om 11.00 uur v.m. beginnen beide sleepboten te trekken, echter zonder resultaat. Om 16.00 uur n.m. komt een salvage-officier aan boord. Er begint een storm op te steken, en het wordt daardoor gevaarlijk om aan boord te blijven. Op aanraden van de salvage-officier wordt om 17.30 uur n.m. het schip verlaten. Het schip breekt later in twee stukken en gaat verloren. 36 opvarenden worden aan boord gebracht van het Britse escortevaartuig (bergingsschip) HMS *Hound* (1942) en te Reykjavik aan land gezet. Kapitein Jonker en de overige vijf opvarenden worden door de sleepboot *Estella* aan land gezet.

33. ss YSELSTROOM 1921-1925

Roepnaam: QCVJ.
Werf: Rotterdamsche Scheepsbouw Maatschappij te Rotterdam (Gouderak).
Bouwnummer: 31.
Bouwjaar: 1921.
Brt 2576, Netto 1552 ton, Draagvermogen 3484 ton, later 3540 ton.
Afmetingen: Lengte o.a. 84,92 m. (Lengte l.l. 81,38 m.) Breedte 12,80 m. Holte 6,13 m.
Machine: 3 cil. triple expansie stoommachine, fabrikaat Van de Kuy & Van de Ree's Machinefabriek en Scheepswerkplaats N.V. te Rotterdam.
Machinevermogen: 1150 ipk.
Snelheid: 10 zeemijl per uur.
Uitgerust met een koelinstallatie.
3 dekken (hoofddek, shelterdek en tussendek), 2 masten, 2 laadpalen, 8 laadbomen en 1 verplaatsbare zware spier van 30 ton, 4 ruimen.
2 reddingsboten en 4 reddings/werkboten op het achterdek.
Accommodatie voor 8 passagiers 1e klasse, later uitgebreid tot 10 passagiers.
Het schip heeft aanvankelijk een grijze romp, later een zwarte romp.

De Yselstroom te Le Havre.

S/s. IJSELSTROOM.

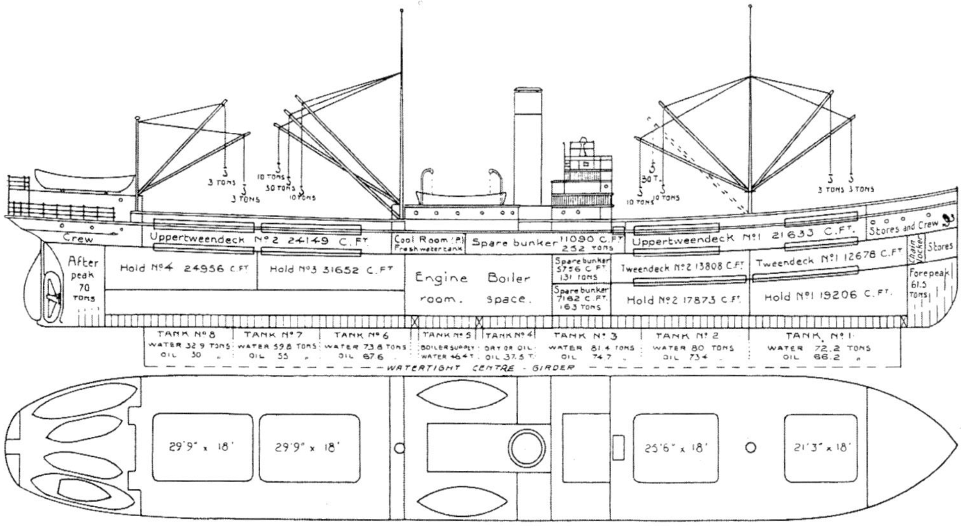

1920 Kiel gelegd als *Maristego* voor N.V. Van der Eb & Dresselhuys Scheepvaart Maatschappij te Rotterdam.Terwijl het schip nog op stapel staat wordt het aangekocht door de H.S.M. en herdoopt in *Yselstroom*.

22-12-1920 Te water gelaten.

08-10-1921 Proefvaart.

10-1921 Opgeleverd aan de H.S.M.

1921 Het schip wordt ingezet in de H.W.A.L.-dienst.

28-09-1925 De *Yselstroom* vertrekt om 19.20 uur van Cape Palmas (Liberia), tijdens een reis van Lagos (Nigeria) naar Amsterdam. Om 19.40 uur wordt een westelijke koers uitgezet. Deze koers wordt aangehouden tot 21.35 uur, in deze tijd wordt een afstand van 12 zeemijl afgelegd. Daarna wordt de koers door de kapitein en de 3e stuurman op noordwest 1/4 N gesteld. Om 24.00 uur wordt de wacht overgenomen door de 2e stuurman, en gaat de kapitein naar zijn kooi.

29-09-1925 Aan dek zijn de 2e stuurman en nog twee bemanningsleden, welke elkaar om het uur aflossen als roerganger. Een uitkijk is niet aan dek, omdat er een matroos ziek te Freetown (Sierra Leone) is achtergebleven, en de lichtmatroos met een verwonde knie te kooi ligt. Om 04.00 uur neemt de 1e stuurman de wacht over. De 1e en de 2e stuurman controleren in de kaartenkamer de uitgezette koers. Om 04.15 uur geeft de 1e stuurman bevel om een halve streek uit de koers te sturen. De 2e stuurman gaat daarna te kooi. Om ongeveer 04.30 uur controleert de 1e stuurman nogmaals de in kaart gezette koers. Hij ziet dat de uitgezette koers slechts twee zeemijl vrij loopt van de rotsen. Omdat de kust zo dichtbij lijkt te zijn geeft hij het bevel om nog een streek over bakboord uit te sturen, en hij controleert op stuur- en standaardkompas of deze koers inderdaad gestuurd wordt. Plotseling ziet de stuurman recht vooruit een witte kop. Vrezend dat het de branding is geeft hij bevel om hard bakboord roer te geven. Het schip is ongeveer een streek bakboord uitgedraaid als het om 04.45 uur met volle kracht op de rotsen loopt. De stuurman zet de telegraaf direct op volle kracht achteruit, maar zonder resultaat. Het schip is gestrand op de Swallow Rocks (de zuidwestkust van Liberia), tussen Cape Palmas en Sinoe. De kapitein is direct op de brug en geeft opdracht de waterdichte deur te sluiten. Vanuit de machinekamer krijgt de kapitein te horen dat het schip op de stookplaat en in de machinekamer veel water maakt. Het water komt reeds over de vloerplaten en dooft de vuren. De machine wordt gestopt en de lichten gaan uit. De machinekamer moet worden verlaten. Het schip stoot zwaar en de kapitein is bang dat het schip zal breken of zinken, en laat de marconist een S.O.S.-sein uitzenden. De kapitein geeft vervolgens de 1e stuurman bevel om de reddingsboten gereed te maken. De 1e stuurman maakt eerst de bakboord reddingsboot klaar, en daarna de stuurboord reddingsboot. De kapitein gaat naar de bakboord reddingsboot, waarin zich reeds 12 of 14 personen bevinden, en klimt aan boord. Hij geeft vervolgens de order de boot gedeeltelijk te vieren. De boot wordt echter geheel gestreken, komt los en de vanglijn breekt. De stuurboord reddingsboot is nog niet gevierd omdat de 1e stuurman dit nog niet nodig acht en hij het bovendien, met het oog op de hoge zee, gevaarlijk vindt. Als hij verneemt dat de kapitein van boord is, neemt hij het bevel over. De 1e stuurman laat de vrouwen en kinderen (dekpassagiers) op het sloependek (bij de stuurboord reddingsboot) komen, tevens laat hij rond het schip loden. Het Belgische ss *Elisabethville* (1922 - Brt 8178) komt in de nabijheid om hulp te bieden. Bij het dag worden komt de kapitein weer aan boord. Na gehouden scheepsraad wordt besloten (het schip kraakt voordurend en het water blijft stijgen) het schip te verlaten. De *Elisabethville* stuurt op verzoek een reddingsboot. Met deze boot en de bakboord boot van de *Yselstroom* worden de opvarenden overgebracht naar de *Elisabethville*. De 1e stuurman verlaat als laatste het schip. De *Elisabethville* brengt de opvarenden naar Grand Bassam (Ivoorkust) vandaar uit vertrekken de opvarenden later naar Nederland.

02-10-1925 Gezonken.

34. ss KILSTROOM 1922-1933

Roepnaam: PHJB.
Werf: Maatschappij voor Scheepsbouw- en Werktuigbouw "Fijenoord" te Rotterdam.
Bouwnummer: 291.
Bouwjaar: 1922.
Brt 1703, Netto 1029 ton, Draagvermogen 2486 ton.
Afmetingen: Lengte o.a. 87,11 m. (Lengte l.l. 82,90 m.)
Breedte 12,19 m. Holte 5,79 m.
Machine: 3 cil. triple expansie stoommachine, fabrikaat Maatschappij voor Scheepsbouw- en Werktuigbouw "Fijenoord" te Rotterdam.
Machinevermogen: 1200 ipk.
Snelheid: 10 zeemijl per uur.
Uitgerust met een vries- en koelruimte voor eigen gebruik.
2 dekken (verhoogd achterdek, gedeeltelijk zonnedek en tussendek), 2 masten, 8 laadbomen, 1 zware spier van 10 ton, 4 ruimen.
4 reddingsboten.
Accommodatie voor 12 passagiers 1e klasse.

Porseleinaarde ladend te Fowey.

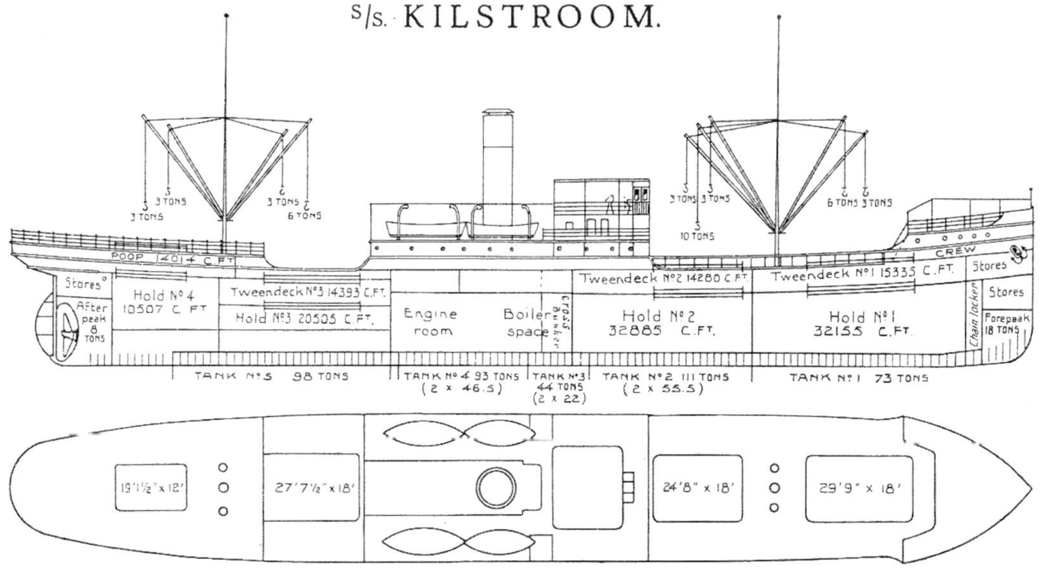

De Kilstroom voer op verschillende lijndiensten.

1921	Kiellegging.
22-02-1922	Te water gelaten.
15-07-1922	Proefvaart en opgeleverd aan de H.S.M.
02-1933	Verkocht aan Finska Ängfartygs A/B te Helsingfors (Finland), en herdoopt in *Hesperus*.
1946	Als herstelbetaling uitgeleverd aan Sovtorgflot te Leningrad (Rusland), en niet herdoopt.
1948	Door de eigenaar herdoopt in *Pavlovsk*.
1959	Wordt nog in het Lloyd's Register vermeld.
1960	Wordt niet meer in het Lloyd's Register vermeld. Verder bestaan van het schip onbekend.

35. ss JAARSTROOM 1922-1950

Roepnaam: PCNS, vanaf 1934 PEYF.
Werf: N.V. J. Meijer's Scheepsbouw Maatschappij te Zaltbommel.
Bouwnummer: 450.
Bouwjaar: 1922.
Brt 1718, Netto 1008 ton, Draagvermogen 2530 ton.
Na de verlenging in 1935: Brt 2480, Netto 1494 ton, Draagvermogen 3690 ton.
Afmetingen: Lengte o.a. 86,56 m. (Lengte l.l. 82,90 m.) Breedte 12,19 m. Holte 5,79 m.
Afmetingen na verlenging in 1935: Lengte o.a. 101,28 m. (Lengte l.l. 98,08 m.) Breedte 12,19 m. Holte 8,99 m.
Machine: Zoelly stoomturbine, fabrikaat Koninklijke Machinefabriek Gebr. Stork & Co. N.V. te Hengelo.
Machinevermogen: 1350 apk.
Snelheid: 10.5 zeemijl per uur.
Uitgerust met een vries- en koelruimte voor eigen gebruik.
2 dekken (zonnedek, gedeeltelijk verhoogd spardek en tussendek), 2 masten, 8 laadbomen, 1 zware spier van 25 ton, 4 ruimen.
Na de verlenging in 1936: 2 masten, 2 paalmasten, 10 laadbomen, 1 zware spier van 25 ton, 5 ruimen.
4 reddingsboten, en 3 reddings/werkboten op het achterdek.
Accommodatie voor 12 passagiers 1e klasse, accommodatie later uitgebreid tot 20 passagiers.
Het schip heeft aanvankelijk een zwarte romp, later een grijze romp.

Op een rustig moment, tijd voor het schilderen van de boottop.

De Jaarstroom binnenlopend te Hamburg eind jaren '30. Vanwege het politieke klimaat voerde het de Nazi-vlag in de voormast.

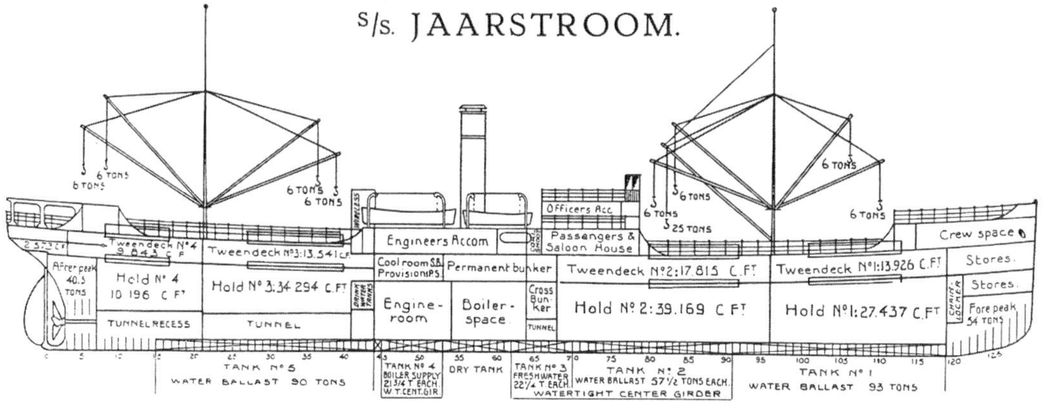

Boven: Het schip zoals dit er oorspronkelijk uitzag.

Onder: Na de verbouwing, waarbij ze ongeveer 15 meter werd verlengd.

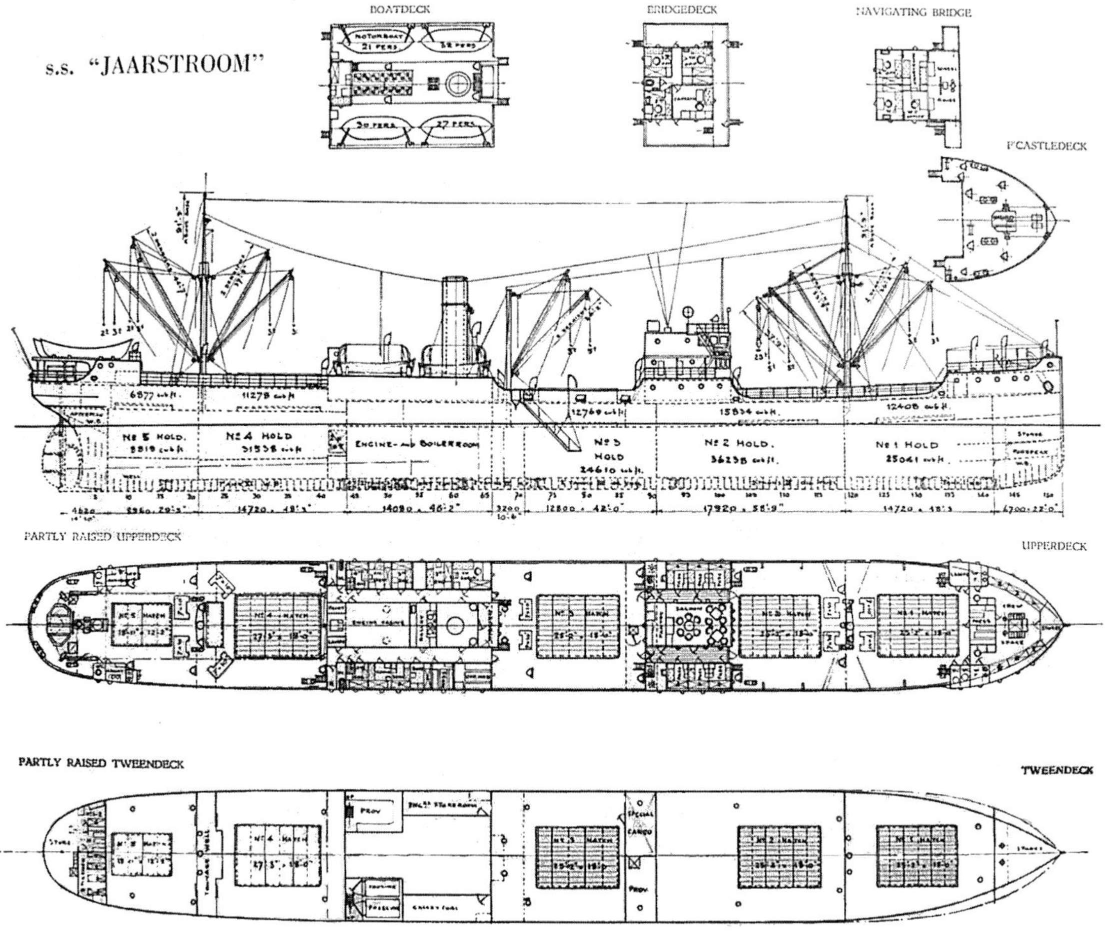

20-05-1922 Te water gelaten.
10-1922 Opgeleverd aan de H.S.M.
10-1922 Het schip wordt ingezet in de H.W.A.L.-dienst.
13-12-1935 De H.S.M. geeft de Nederlandsche Droogdok Maatschappij te Amsterdam opdracht voor de verlenging van het schip.
02-1936 Verlengd en tevens wordt de machine-installatie omgebouwd van kolen naar oliestook.
10-05-1940 Het schip vaart op dat ogenblik in het Manchester Kanaal op weg naar Liverpool (Engeland).
06-07-1940 Maakt in charter voor Elder Demster Lines Ltd., uit Liverpool tien reizen naar West-Afrika. Tijdens deze periode wordt het schip gecharterd door de Britse Regering.
09-02-1944 De *Jaarstroom* vaart in een konvooi op weg van Casablanca (Marokko) naar Engeland. Niet ver van de vertrekplaats komt het schip in aanvaring met een schip van een binnenlopend konvooi. Door een fout van de Amerikaanse havenautoriteiten in Casablanca raken de twee schepen elkaar vol in de boeg. De boeg van de *Jaarstroom* dringt diep in de boeg van het Joegoslavische ss *Dunav* (1912 - Brt 4478) dat op weg was naar Safi in Marokko. De voorpiek en de bak van de *Jaarstroom* zijn zwaar beschadigd. Ook maakt het schip water. Het krijgt te Casablanca een nieuwe voorsteven, gemaakt van beton en verstevigd met een houten bekisting. Hierna vertrekt ze naar Liverpool.

Varend op de Elbe.

24-11-1944 De *Jaarstroom* vertrekt via de Middellandse Zee, het Suezkanaal en Aden naar Colombo (Ceylon). Hier vaart ze ruim vijf maanden met goederen voor de bevoorrading van de troepen rond Ceylon en op India. Daarna maakt ze reizen van Manus-eiland in de Bismarck-archipel naar het eiland Luzon op de Filipijnen. Vervolgens naar Austalië-Papua Nieuw Guinea en Nieuw Zeeland.
12-10-1946 Arriveert voor de eerste keer na de oorlog weer in haar thuishaven Amsterdam.
06-1947 Door de Britse Regering weer aan de H.S.M. overgedragen.
12-1950 Voor *f* 350.000,- verkocht aan de Compania des Vapores Porto Bello Ltd. (Managers Goulandris Bros), te Panama, en herdoopt in *Eleni*.
06-1954 Verkocht aan Rederi A/B Eleni (Richard Tornqvist), te Stockholm (Zweden), en niet herdoopt.
1955 Verkocht aan Yngve Myhrman te Stockholm, en niet herdoopt.
10-1956 Eigenaar Yngve Myhrman te Stockholm failliet verklaard.
16-12-1956 Het schip arriveert op sleeptouw te Sunderland (Engeland) met schade. Het komt geladen van Lagos (Nigeria). Het wordt te Sunderland total loss verkaard, en verkocht voor sloop aan Bisco, welke het toewijst aan Thomas Young & Sons (Shipbreakers) Ltd., te Sunderland.
12-01-1957 Aan de slopers overgedragen.

Aan de Handelskade vlak na W.O. II.

Voor anker op het IJ te Amsterdam.

36. ss REGGESTROOM 1923-1942

Roepnaam: PRBM, vanaf 1934 PGYT.
Werf: Maatschappij voor Scheepsbouw- en Werktuigbouw "Fijenoord" te Rotterdam.
Bouwnummer: 292.
Bouwjaar: 1923.
Brt 3854 (in 1932: 2836 ton), Netto 2366 ton (in 1932: 1689 ton), Draagvermogen 5870 ton (in 1932: 4732 ton).
Afmetingen: Lengte o.a. 106,37 m. (Lengte l.l. 100,58 m.) Breedte 14,63 m. Holte 9,14 m.
Machine: Zoelly stoomturbine, fabrikaat Escher Weiss & Co. te Zurich (Zwitserland).
Machinevermogen: 1800 apk.
Snelheid: 12 zeemijl per uur.
Uitgerust met een vries- en koelruimte voor eigen gebruik.
2 dekken (open en/of gesloten shelterdek, hoofddek en tussendek), 2 masten, 8 laadpalen (luchtkokers), 16, later 14 laadbomen, 1 zware spier van 30 ton, 4 ruimen.
2 reddingsboten en 4 reddings/werkboten op het achterdek.
Accommodatie voor 12 passagiers 1e klasse.

Gepavoiseerd op het IJ.

01-02-1923	Te water gelaten.
15-05-1923	Proefvaart en opgeleverd aan de H.S.M.
1923	Het schip wordt ingezet in de H.W.A.L.-dienst.
06-05-1930	Op de thuisreis komt de *Reggestroom* in aanvaring op het Noordzeekanaal met de *Johan van Oldenbarnevelt* (1930 - Brt 19.428) van de Stoomvaart Maatschappij Nederland, die haar eerste reis naar Indië maakt. De *Reggestroom* raakt daarbij de voorsteven van de *Johan van Oldenbarnevelt* aan bakboordzijde en veroorzaakt hierdoor een gat van ongeveer twee meter boven de waterspiegel. De *Johan van Oldenbarnevelt* keert terug naar Amsterdam voor reparatie, en vertrekt op 9 mei alsnog naar Java.
1937	De machine-installatie wordt omgebouwd van kolen naar oliestook.
10-05-1940	Het schip is onderweg van Duinkerken naar Le Havre (Frankrijk). Vervolgens krijgt de *Reggestroom* opdracht achtereenvolgens op te stomen naar Cherbourg-Le Verdon sur Mer-Pauillac en ten slotte Bordeaux (Frankrijk).
13-06-1940	Het schip ligt in Bordeaux en wordt gedeeltelijk gelost. Enige dagen later komt het advies onmiddellijk te vertrekken, vanwege de Duitse inval in Frankrijk.
18-06-1940	Vertrekt met honderden vluchtelingen naar Engeland.
22-06-1940	In Falmouth (Engeland) worden de vluchtelingen aan land gezet.
07-1940	Arriveert te Hull (Engeland), waar het een dokbeurt ondergaat en tegelijkertijd wordt voorzien van een degaussinginstallatie, en de nodige bewapening.
15-06-1942	Vertrekt onder gezag van kapitein G. Speelman van Freetown (Sierra Leone) voor de terugreis naar Engeland (6e reis in oorlogstijd). Het vaart in konvooi W.P. 183 via Belfast (Noord-Ierland) en Milford Haven (Wales) naar Southampton (Engeland).
09-07-1942	Op 9 juli om 01.30 uur wordt de *Reggestroom* getorpedeerd door de Duitse Motortorpedoboot *S 50* in het Engelse Kanaal in positie 50.19 NB en 03.00 WL. Dit is ongeveer 20 mijl west-zuid-west van Bill of Portland (Engeland). De bemanning blijft ongedeerd.

te vinden voor het schip. Lossen te Vlissingen was niet mogelijk door de daar aangerichte vernielingen. Daarom wordt Antwerpen gevraagd om een landingsvaartuig, om daarmee de lading op het strand te zetten (waar eerder de invasie heeft plaatsgevonden). Dit lukte helaas niet, hierop wordt voorgesteld de goederen met behulp van ducks aan land te brengen. Deze ducks zijn echter bezig met de evacuatie van de bewoners van de ondergelopen dorpen te Walcheren.

28-11-1944 Anker gelicht, en andermaal naar Terneuzen gevaren. Uiteindelijk wordt een deel van de lading met behulp van een lichter te Ellewoudsdijk aan land gebracht, en de rest wordt te Terneuzen gelost. Daarmee is de *Amstelstroom* het eerste Nederlandse koopvaardijschip dat sinds mei 1940 een lading goederen in een Nederlandse haven aan land brengt..

22-07-1945 Arriveert voor de eerste keer na de oorlog weer in haar thuishaven Amsterdam.

1945 De *Amstelstroom* brengt een deel van de Nederlandse goudreserve weer terug naar ons land, dat in de meidagen van 1940 naar Engeland was gebracht.

03-1946 Aan het eind van deze maand vertrekt de *Amstelstroom* voor de eerste afvaart op de nieuwe IJsland-dienst, via Antwerpen (België) naar Reykjavik.

18-07-1948 Tijdens een reis van Amsterdam naar Newport, Wales (Engeland), is het schip in dichte mist gestrand en wrak geslagen aan de westkust van Lundy eiland, in het Bristol Kanaal. De bemanning wordt gered.

De Amstelstroom bracht een deel van de goudreserve weer terug naar ons land.

42. ms YSTROOM (IV) 1936 -1940

Roepnaam: PIUV.
Werf: N.V. C. van der Giessen & Zonen's Scheepswerven te Krimpen aan den IJssel.
Bouwnummer: 643.
Bouwjaar: 1936.
Brt 397, Netto 152 ton, Draagvermogen 560 ton.
Afmetingen: Lengte o.a. 60,44 m. (Lengte l.l. 56,56 m.) Breedte 9,36 m. Holte 5,47 m.
Machine: 4 tew, 7 cil. Werkspoor dieselmotor, fabrikaat Werkspoor N.V. te Amsterdam.
Machinevermogen: 750 rpk.
Snelheid: 11 zeemijl per uur.
2 dekken (open shelterdek en hoofddek),
2 masten, 4 laadbomen, 2 ruimen.
2 reddingsboten en 1 reddings/werkboot.

De Ystroom op het IJ te Amsterdam.

13-06-1936	Door de H.S.M. besteld.
27-07-1936	Kiellegging.
10-10-1936	Te water gelaten.
18-11-1936	Proefvaart, en opgeleverd aan de H.S.M.
11-1936	Het schip wordt ingezet op de Londen-dienst.
10-05-1940	Vanuit Amsterdam naar Engeland uitgeweken.
12-05-1940	Arriveert in Engeland, en komt in geallieerde dienst.
17-05-1940	Het schip ligt te Fowey (Engeland) om te worden voorzien van een degaussinginstallatie.
10-1940) 12-1940)	In deze periode vaart het schip op en neer in een dienst tussen Avonmouth bij Bristol en Milford Haven in de westpunt van Wales (Engeland).
23-12-1940	Tijdens een reis van Fowey naar Liverpool (Engeland), met een lading China-klei varend in de Liverpool Bay op een accoustische mijn gelopen. De *Ystroom* zinkt in de baai van Liverpool vlak bij de monding van de Mersey in positie 53.37 NB en 3.25 WL. De bemanning blijft ongedeerd.

De Ystroom liep op een accoustische mijn.

43. ms RYNSTROOM (I) 1937-1940

Roepnaam: PHGI.
Werf: N.V. C. van der Giessen & Zonen's Scheepswerven te Krimpen aan den IJssel.
Bouwnummer: 648.
Bouwjaar: 1937.
Brt 695, Netto 335 ton, Draagvermogen 1210 ton.
Afmetingen: Lengte o.a. 75,07 m. (Lengte l.l. 71,32 m.) Breedte 10,67 m. Holte 3,90 m.
Machine: 4 tew, 7 cil. Werkspoor dieselmotor, fabrikaat Werkspoor N.V. te Amsterdam.
Machinevermogen: 750 rpk.
Snelheid: 11 zeemijl per uur.
Uitgerust met een koelruim.
2 dekken (open shelterdek en hoofddek), 3 masten, 6 laadbomen, 1 zware spier van 15 ton, 3 ruimen, waarvan ruim III gedeeltelijk koelruim.
2 reddingsboten.

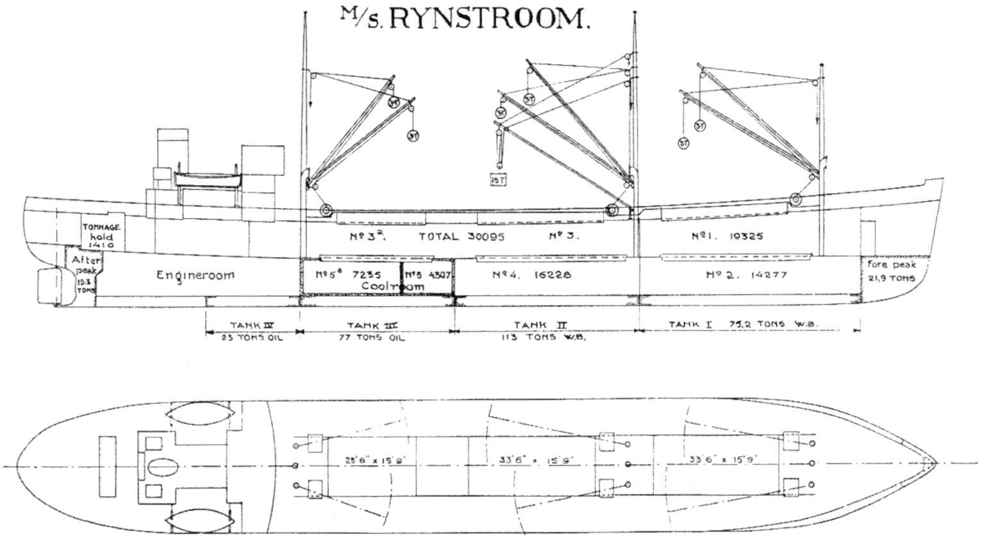

28-11-1936 Door de H.S.M. besteld.
08-03-1937 Kiellegging.
03-07-1937 Te water gelaten.
14-08-1937 Opgeleverd aan de H.S.M.
1937 Het schip wordt ondermeer ingezet op de Londen-dienst en Bristol-dienst.
02-03-1940 Het schip vertrekt, onder gezag van kapitein L. Verhoef, van de Downs bij Deal (Engeland) naar Amsterdam. Daarna is niets meer van het schip en haar 12-koppige bemanning vernomen. Later worden in de buurt van de West-Hinderboei enkele wrakstukken van het schip gevonden, zoals een gekapseisde reddingssloep, enkele reddingsboeien, verscheidene goederen welke tot de lading hadden behoord en enige dekplanken. Deze vondsten worden gerapporteerd door de kapiteins van het Nederlandse ms *Brandaris* (1938 - Brt 249) van J.J. Tuil te Delfzijl en van de *Amstelstroom* van de eigen rederij. Het Nederlandse ms *Vrede* (1932 - Brt 425) van Red.m.s. Flying Welshman te Rotterdam heeft een leeg vlot afkomstig van de *Rynstroom* drijvend gevonden, en aan boord genomen. Na de oorlog is gebleken dat het schip om 21.59 uur, Duitse tijd, door de Duitse onderzeeboot *U 17* wordt ontdekt in positie 51.36 NB en 02.54 OL. De kapitein van de *U 17*, de luitenant ter zee 2e klasse Behrens, ziet het schip aan voor een tanker van 8000 ton. De door de *U 17* afgevuurde torpedo's treffen het schip ongeveer 10 meter achter het midden, het zinkt in ongeveer vier minuten. De gehele bemanning van 12 koppen is bij de ondergang van het schip omgekomen.

De Rynstroom verlaat Swansea

De Rynstroom werd in maart 1940 op de Noordzee getorpedeerd

m.s. "NIGERSTROOM"

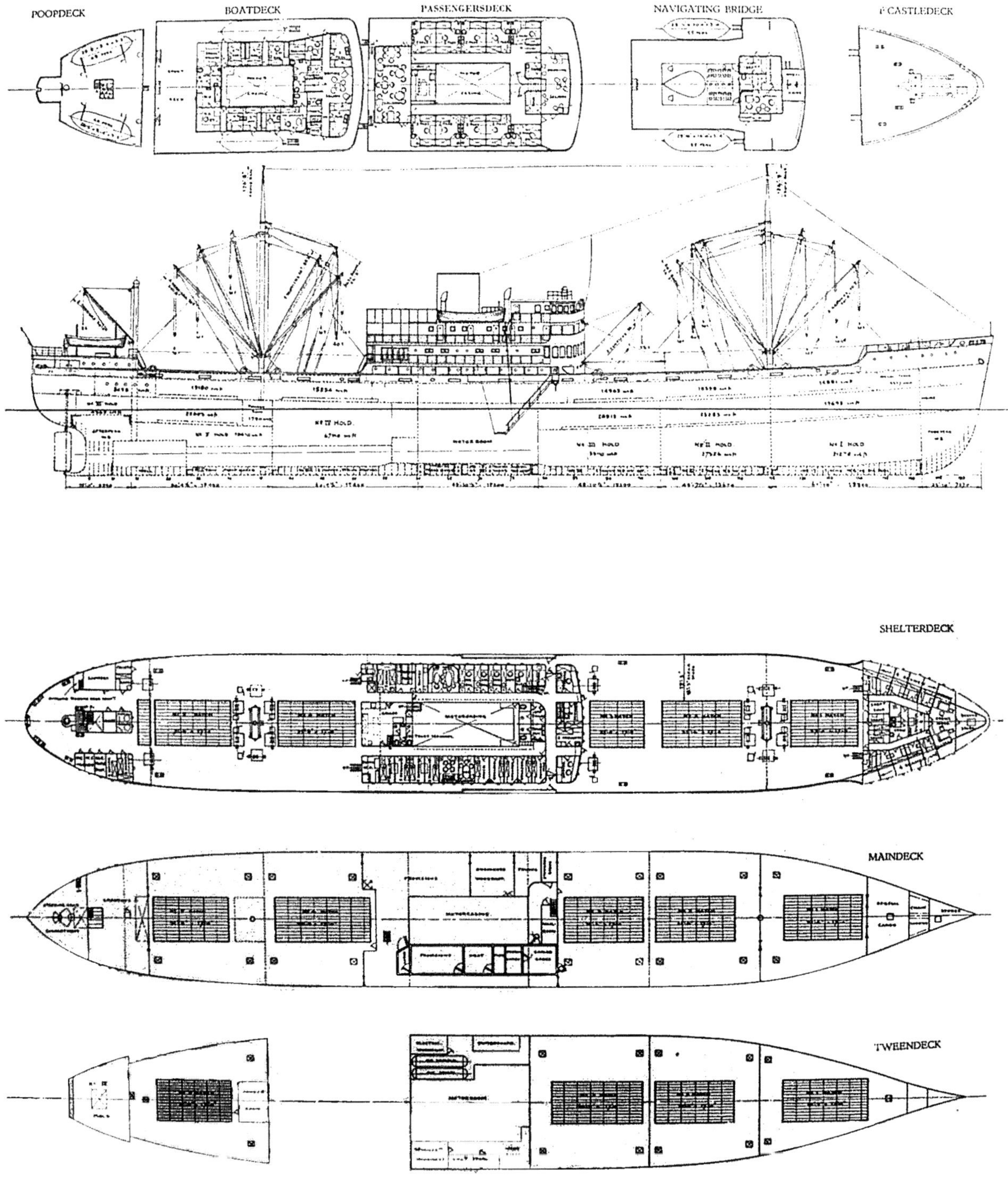

Een statiefoto van de Nigerstroom, uitgebracht als rederijkaart.

44. ms NIGERSTROOM 1939 - 1957

Roepnaam: PGHF.
Werf: N.V. C. van der Giessen & Zonen's Scheepswerven te Krimpen aan den IJssel.
Bouwnummer: 656.
Bouwjaar: 1939.
Brt 4639, Netto 2666 ton, Draagvermogen 6569 ton.
Afmetingen: Lengte o.a. 122,22 m. (Lengte l.l. 115,45 m.) Breedte 16,76 m. Holte 8,81 m.
Machine: 4 tew, 8 cil. Werkspoor dieselmotor, fabrikaat Werkspoor N.V. te Amsterdam.
Machinevermogen: 4800 rpk.
Snelheid: 15 zeemijl per uur.
Uitgerust met een koel- en vriesruimte.
2 dekken (open shelterdek, hoofddek en tussendek behalve in ruim IV), 2 masten, 2 laadpalen, 16 laadbomen, 2 zware spieren van 40 ton, 5 ruimen en 1 klein ruim op het kampanjedek.
4 reddingsboten.
Accommodatie voor 24 passagiers 1e klasse, later uitgebreid tot 34 passagiers.
Het schip heeft aanvankelijk een zwarte romp, later een grijze romp en daarna weer een zwarte romp.

In haar oorlogstenue.

Links: Alle bemanningsleden hadden hun eigen hut.

Onder de brug konden de passagiers rond het hele sloependek lopen.

Onder: Nog met reddingsvlotten opvarend naar Amsterdam.

Rechts: Laden in 1953 in haar thuishaven.

De sloepen op het achterdek zijn weggehaald, maar later weer aangebracht.

11-10-1937 Door de H.S.M. besteld.

30-06-1938 Kiellegging.

31-12-1939 Te water gelaten.

27-03-1939 Technische proefvaart.

05-04-1939 Opgeleverd aan de H.S.M.

15-04-1939 Het schip wordt ingezet in de H.W.A.L.-dienst, en vertrekt voor haar eerste reis naar West-Afrika.

10-05-1940 Het schip is onderweg naar Le Havre (Frankrijk) en via Brest en Le Verdon sur Mer komt het uiteindelijk 15 of 16 juni aan in Pauillac (Frankrijk).

19-06-1940 Vertrekt wegens dreiging Duitse inval in Frankrijk naar zee. Het neemt 31 Nederlandse mensen van de plaatselijke Shell-raffinaderij mee. Op de rede van Le Verdon sur Mer komen nog 240 Nederlandse vluchtelingen aan boord. Een dag later brengt een ferry nog eens honderden Belgische, Engelse en Franse vluchtelingen aan boord. De *Nigerstroom*, onder gezag van kapitein C. de Vries, stoomt vervolgens op naar Falmouth (Engeland) waar op 22 juni 1940 de 751 vluchtelingen aan land worden gebracht.

25-06-1940 Wordt te Avonmouth (Engeland) voorzien van een degaussinginstallatie en de nodige bewapening. Vervolgens maakt de *Nigerstroom* reizen naar het Verre Oosten - Afrika - Australië – Nieuw-Zeeland - Panama - Amerika – Zuid-Amerika en het Caraïbisch gebied.

05-07-1945 Wordt te Londen aan de Nederlandse regering overgedragen.

31-10-1945 De *Nigerstroom* keert weer terug na ruim vijf jaar en negen maanden in haar thuishaven Amsterdam.

24-08-1946 Op weg naar West-Afrika met 40 passagiers komt de *Nigerstroom* in de Straat bij Dover (Engeland) in aanvaring met het Franse ss *Ernest L Dawson* (1945 - Brt 7176). De *Nigerstroom* loopt daarbij een groot gat op in het voorschip en de ruimen I en II maken water, waardoor de kop van het schip zeer diep komt te liggen. Het krijgt hulp van de Britse torpedobootjager *Paladin* (1942) die het schip naar Spithead (Engeland) sleept. Daar neemt de sleepboot *Tenacity* (1926) het over en brengt de *Nigerstroom* voor reparatie naar Southampton (Engeland). Het schip komt 4 maart 1947 weer in de vaart. Een gecharterd schip neemt haar H.W.A.L.-dienst in deze periode over.

14-03-1957 Te Takoradi (Ghana) herdoopt in *Ghanakust*. Het omdopen wordt verricht door Dr Kwame Nkrumah, de eerste president van Ghana sinds de onafhankelijkheid van dat land op 6 maart 1957.

01-10-1958 Na vertrek uit Antwerpen (België) met bestemming via Bordeaux (Frankrijk), Douala in (Kameroen) in aanvaring gekomen met het Spaanse ms *Monte Urbasa* (1948 - Brt 10.142). De *Ghanakust* raakt in brand en wordt in half gezonken toestand in de monding van de Gironde (Frankrijk) aan de grond gezet. Door grote problemen tijdens de berging wordt het schip total loss verklaard.

12-1958 Verkocht voor sloop aan Remorquage et de Sauvetage Les Abeilles (Frankrijk).

De Nigerstroom behoorde tot één van de fraaiste schepen van de Amsterdamse haven.

Ronddraaien van de Nigerstroom in de IJhaven.

Met een leeg schip onderweg naar Amsterdam

Pagina 131:
boven: De Nigerstroom wordt de IJhaven ingetrokken.

Aan dek zijn de boomstammen, geladen in Takoradi goed te zien.

03-02-1947	Komt in aanvaring met de Britse tanker *Ennerdale* (1941 - Brt 8.367) waarbij ze enige averij oploopt, maar ze kan haar reis voortzetten.
1947	Het schip wordt ondermeer ingezet op de Londen-dienst en Bristol-dienst.
10-08-1950	Eerste afvaart in een wekelijkse dienst op Bristol, Wales (Engeland).
04-11-1963	Verkocht aan J. Schokkenbroek te Groningen (Managers N.V. Scheepvaartbedrijf "Poseidon") te Groningen, en herdoopt in *Accres*.
05-11-1964	Gecharterd door de Metric Line (Lamport & Holt Line Ltd.), te Liverpool (Engeland), en herdoopt in *Hecto*.
18-10-1965	Na de charterperiode wordt het door Schokkenbroek weer herdoopt in *Accres*.
17-05-1968	Verkocht aan Eastern Shipping & Trading Company (Private) Ltd., te Singapore, en niet herdoopt.
06-1991	Verkocht voor sloop naar Singapore.
11-1991	Het Lloyds Register supplement noemt het bestaan van het schip twijfelachtig.

In het Noordzeekanaal ter hoogte van Buitenhuizen, met rechts nog een glimp van de vroegere behuizing aan de kant bij Assendelft.

De Eemstroom op weg naar Bristol.

Linksonder: Voor de kant in april 1963 in Shoreham.

Rechts: De Eemstroom als Hecto.

47. ms RYNSTROOM (II) 1945-1958 RIJNSTROOM (II) 1958-1964

Roepnaam: DKPC, vanaf 1945 PHGI.
Werf: N.V. C. van der Giessen & Zonen's Scheepswerven te Krimpen aan den IJssel.
Bouwnummer: 674.
Bouwjaar: 1942.
Brt 708, Netto 360 ton, Draagvermogen 1161 ton.
Afmetingen: Lengte o.a. 75,16 m. (Lengte l.l. 71,32 m.) Breedte 10,67 m. Holte 3,86 m.
Machine: 4 tew, 7 cil. Werkspoor dieselmotor, fabrikaat Werkspoor N.V. te Amsterdam.
Machinevermogen: 750 rpk.
Snelheid: 11 zeemijl per uur.
Uitgerust met een koelruim sinds 1950.
2 dekken (open shelterdek en hoofddek), 3 masten, 6 laadbomen, 1 zware spier van 15 ton, 3 ruimen (waarvan ruim III gedeeltelijk koelruim).
2 reddingsboten.
Accommodatie voor 4 passagiers.

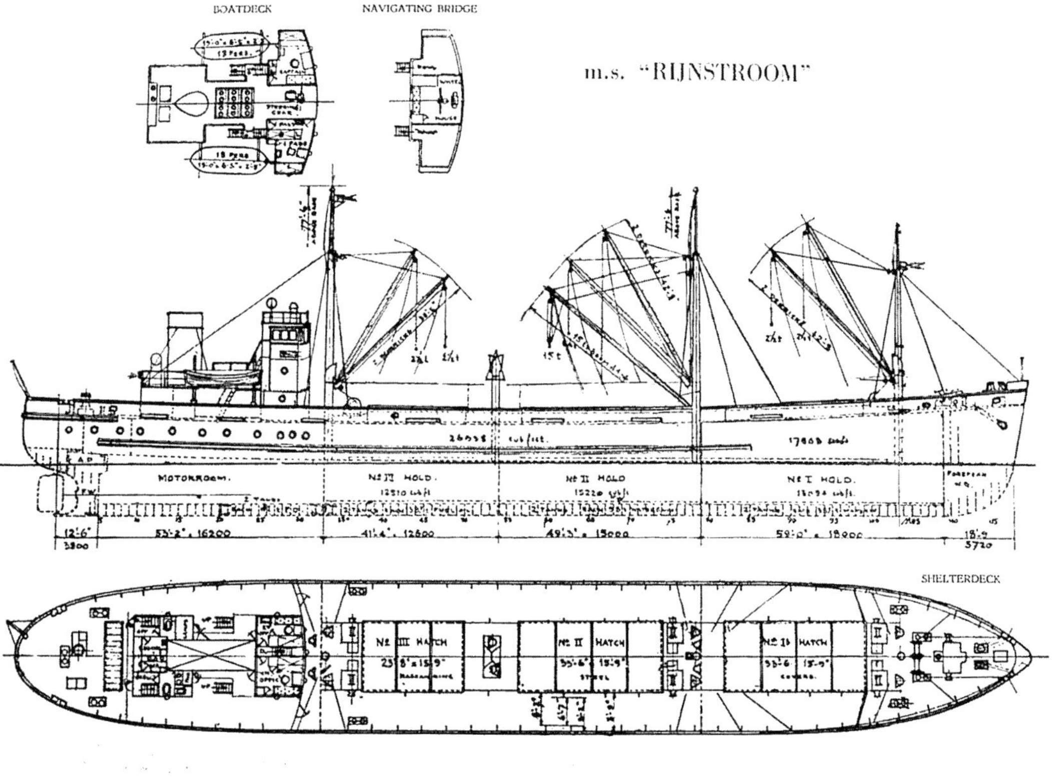

Boven: Eind jaren '40 op het IJ.

Varend in Engelse wateren, op weg naar Fowey.

Na de oorlog was de Congostroom het vlaggenschip van de Holland West-Afrika Lijn. Voor de bemanning was het een prettig schip om op te varen.

49. ms GREBBESTROOM 1946-1965

Roepnaam: PEKH.
Werf: Goole Shipbuilding & Repairing Co.Ltd., te Goole (Engeland).
Bouwnummer: 459.
Bouwjaar: 1946.
Brt 748, Netto 368 ton, Draagvermogen 1228 ton.
Afmetingen: Lengte o.a. 71,44 m. (Lengte l.l. 68,46 m.) Breedte 10,73 m. Holte 4,27 m.
Machine: 2 tew, 7 cil. Sulzer diesel, fabrikaat Gebr. Sulzer. A.G. te Winterthur (Zwitserland).
Machinevermogen: 1050 rpk.
Snelheid: 12 zeemijl per uur.
Uitgerust met een koelruim sinds 1951.
2 dekken (open shelterdek en hoofddek), 3 masten, 6 laadbomen, 1 zware spier van 15 ton, 2 ruimen (waarvan ruim II gedeeltelijk koelruim).
2 reddingsboten.
Accommodatie voor 2 of 3 passagiers.

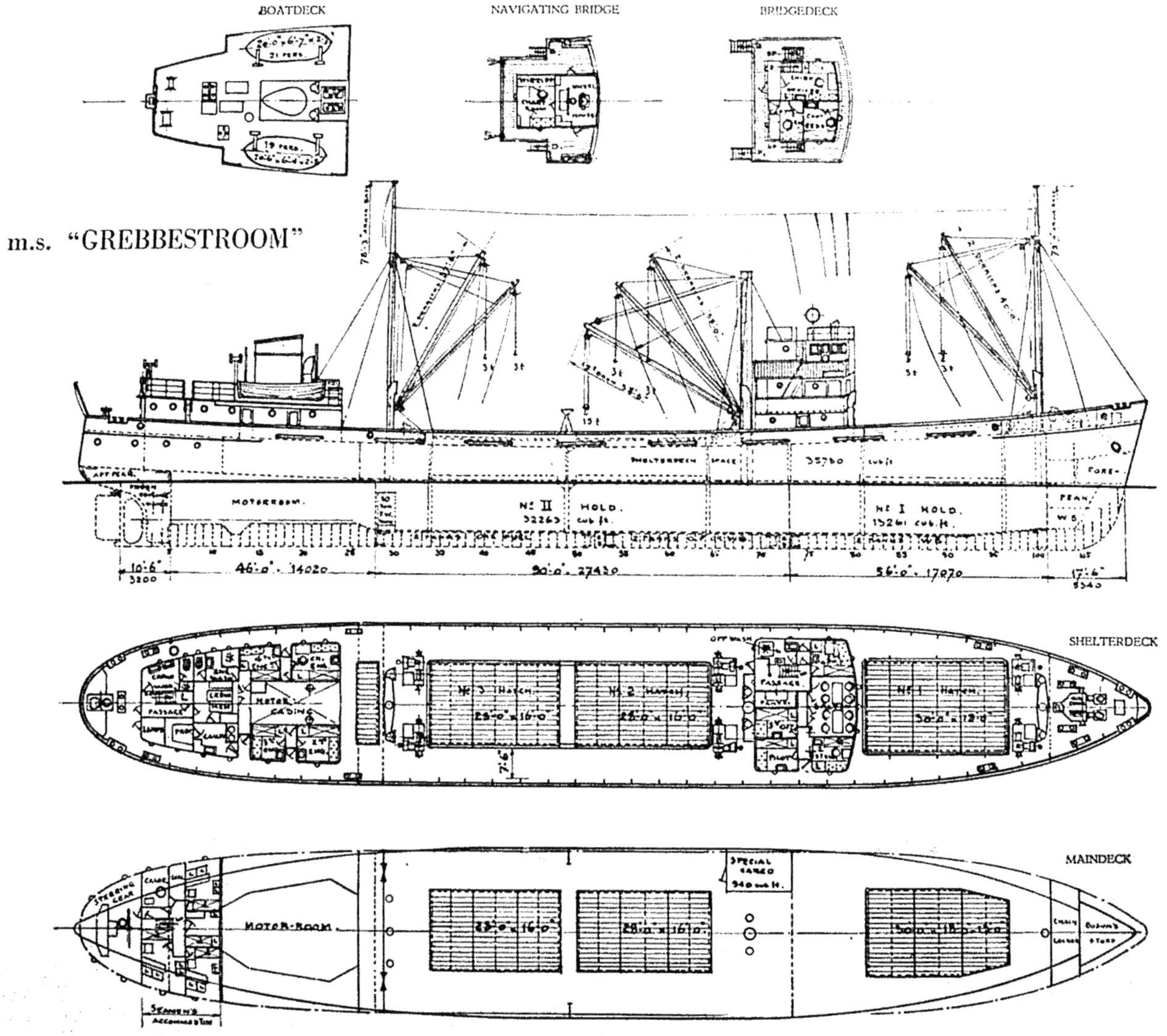

Op de Noordzee vlak voor het binnenlopen van de pieren van IJmuiden.

De Grebbestroom in Engelse wateren in 1951

Overslaan van lading uit binnenschepen in de Binnenhaven medio 1948. Achter de Grebbestroom, ligt de Vliestroom.

04-1945	Door de H.S.M. besteld.
29-07-1946	Te water gelaten.
24-10-1946	Proefvaart.
31-10-1946	Opgeleverd aan de H.S.M.
11-1946	Het schip wordt ondermeer ingezet op de Londen-dienst en de Mersey-dienst.
1951	Uitgerust met een koelruim.
05-1965	Verkocht aan Alexandros N. Athanassiades & Fotos C. Georgopoulos en anderen te Piraeus (Griekenland), en herdoopt in *Nissos Karpathos*.
02-1968	Verkocht aan Panos Daifas en anderen te Piraeus en herdoopt in *Nicolas*.
10-02-1975	Tijdens een reis van Valencia (Spanje) naar Latakia (Syrië), met een lading stukgoed ter hoogte van Latakia aan de grond gelopen en total loss verklaard.

Duidelijk herkenbaar aan Engelse scheepsbouw is de kont van de Grebbestroom.

De IJstroom behoorde tot één van de fraaiste coasters van Nederland.

20-04-1949	Kiellegging.
11-11-1949	Te water gelaten.
22-03-1950	Aankomst te Groningen voor bezichtiging van het schip.
23-03-1950	Technische proefvaart, waarbij zich mankementen aan de hoofdmotor voordoen. Deze worden verholpen.
28-03-1950	Proefvaart.
29-03-1950	Opgeleverd aan de H.S.M.
01-08-1950	Het schip wordt ingezet op de Bristol-dienst.
1957	Uitgerust met een koel- en diepvriesruim.
07-06-1958	Eerste afvaart in een dienst op Shoreham en Portsmouth (Engeland).
03-1967/ 04-1967	Bij Verschure & Co.'s Scheepswerf- en Machinefabriek N.V. te Amsterdam verbouwd voor het vervoer van containers en flats. De lieren en laadbomen worden weggenomen en de laadhoofden worden vergroot. Het schip wordt ingezet op de route Amsterdam-Dagenham-Engeland-v.v.
24-04-1967	Eerste afvaart in de Amsterdam-Dagenham dienst.
02-1970	Verkocht aan Rederij Willem Beukelsz V. (Handels & Scheepvaart Onderneming Vroon B.V.) te Breskens, en herdoopt in *Holland Express*.
11-1970	Herdoopt in *Angus Express*.
11-1970/ 01-1971	Verbouwd tot transportschip voor levend vee bij Jos.L. Meyer te Papenburg (Duitsland).
03-1982	Verkocht aan Tahier Abdull Aziz te Djedda (Saudi-Arabië), en herdoopt in *Mahmoud*. Zou oorspronkelijk *Hassan* gedoopt worden.
08-04-1982	Vertrek van Oostende (België) onder de nieuwe naam *Mahmoud*. Het schip vervoert regelmatig schapen tussen Egypte en Oost-Afrikaanse havens naar Djedda.
1984	Verkocht aan Mohamed. A.W. Sindi te Djedda, en herdoopt in *Sultan*.
13-10-1985	Opgelegd te Djedda.
1988	Verkocht voor sloop naar Pakistan.
07-01-1989	Arriveert bij de sloper te Gadani Beach (Pakistan).

Voor anker in Engelse wateren in 1955.

Links: Op de Nieuwe Waterweg.

Laden te Bristol op 17 juli 1960.

Opvarend naar Amsterdam, gezien vanaf de noordkant van het Noordzeekanaal bij Assendelft.

Aankomst te Bristol in 1950.

Links: Na verkoop aan Vroon maakte het schip als Holland Express, ook nog enige reizen met de bekende H.S.M. deklading.

Verbouwd voor het vervoer van vee.

55. ms AMSTELSTROOM (V) 1950-1965

Roepnaam PCPX.
Werf: E.J. Smit & Zoon's Scheepswerven N.V. te Westerbroek.
Bouwnummer: 715.
Bouwjaar: 1950.
Brt 497, Netto 217 ton, Draagvermogen 706 ton.
Afmetingen: Lengte o.a. 68,47 m. (Lengte l.l. 64,86 m.) Breedte 9,54 m. Holte 3,61 m.
Machine: 2 tew, 7 cil. Stork dieselmotor, fabrikaat Koninklijke Machinefabriek Gebr. Stork N.V. te Hengelo.
Machinevermogen: 1050 rpk.
Snelheid: 12.5 zeemijl per uur.
Uitgerust met een koel- en diepvriesruim.
2 dekken (open shelterdek en hoofdddek), 2 masten, 4 laadbomen, 3 ruimen (waarvan ruim II en III gedeeltelijk koel- en diepvriesruim).
2 reddingsboten.

m.s. "AMSTELSTROOM"

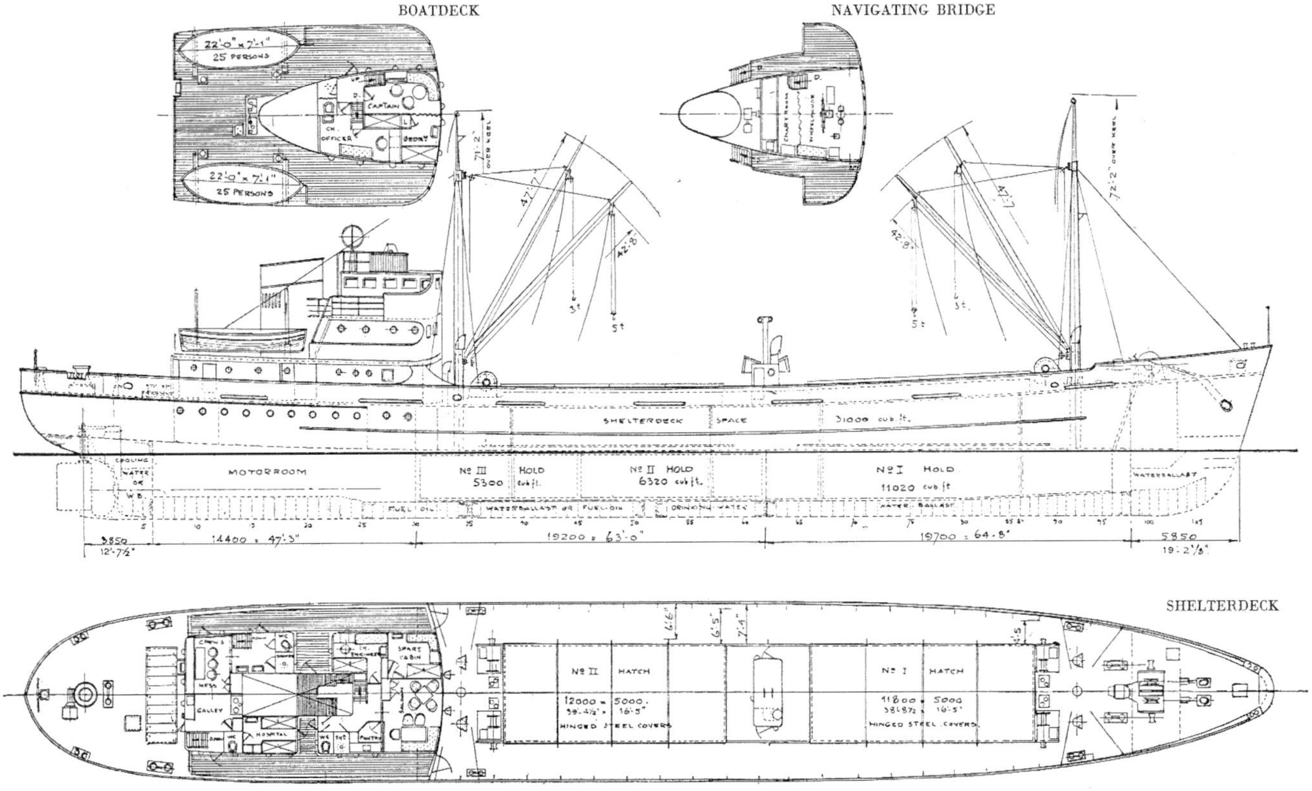

In Engelse wateren.

11-11-1949 Kiellegging.
07-03-1950 Te water gelaten.
15-06-1950 Proefvaart.
17-06-1950 Opgeleverd aan de H.S.M.
1951 Wordt ingezet in samenwerking met Gibson/Rankine voor een dienst op Amsterdam-Grangemouth/Leith v.v., (Schotland) met twee afvaarten per week.
11-11-1959 Eerste afvaart in een dienst van Vlissingen naar Shoreham (Engeland). Vanaf 1961 gecombineerd met een dienst vanaf Amsterdam.
29-03-1960 Eerste afvaart in een dienst via Rouen (Frankrijk) naar Liverpool/Manchester (Engeland).
11-1965 Verkocht aan Rederij Margot (Handels & Scheepvaart Onderneming Vroon B.V.) te Breskens.
02-12-1965 Te Rotterdam overgedragen aan de nieuwe eigenaar, en herdoopt in *Margot*.
08-1969 Herdoopt in *Hereford Express*.
11-1969 Verbouwd tot transportschip voor levend vee bij Jos.L. Meyer te Papenburg (Duitsland).
29-10-1970 Tijdens een reis van Londonderry (Noord-Ierland) naar Glasgow (Schotland), gestrand ten zuiden van de vuurtoren van Mull of Kintyre (Schotland). Het schip wordt vlot gebracht, maar tijdens de sleeptocht raakt het op drift, en strandt nabij de vuurtoren van Sanda Island (Schotland). De totale lading van 262 stuks vee komt daarbij om het leven.
1971 Het wrak wordt in de loop van dit jaar ter plekke op het strand gesloopt door Elliot & Co. (divers) Ltd., te Glasgow.

Het verval van het getij is duidelijk te zien op de foto's van de Amstelstroom afgemeerd bij Chambers Wharf in 1958 te Londen.

De Amstelstroom was in tegenstelling tot de IJstroom direct al uitgerust een koel- en diepvriesruim.

De Amstelstroom varend in de Solent in juni 1954.

Na verkoop werd het schip verbouwd voor het vervoer van levend vee.

De Amstelstroom voer ondermeer op Grangemouth/Leith in Schotland.

De Eemstroom opgelegd aan de Javakade in Amsterdam in 1972.

17-05-1954	Kiellegging.
06-11-1954	Te water gelaten.
03-02-1955	Proefvaart op de Noordzee.
16-02-1955	Tweede proefvaart en opgeleverd aan de H.S.M.
02-1955	Het schip wordt ingezet in de H.W.A.L.-dienst.
01-01-1964	Overgedragen aan de N.V. Stoomvaart Maatschappij Nederland te Amsterdam, en niet herdoopt. Het beheer blijft bij de H.S.M. (Pas in december 1964 officieel overgedragen)
01-1968	Het schip verlaat de H.W.A.L.-dienst.
06-01-1968	Gecharterd door de Koninklijke Nederlandsche Stoomboot Maatschappij N.V. te Amsterdam voor een reis naar de West. Via Sint Maarten, San Juan, San Domingo, Puerto Cortes, La Ceiba, Belize, Puerto Barioz en Puerto Matthias de Calves.
22-04-1968/ 07-1968	Verbouwd tot cellulair containerschip, bij de Amsterdamsche Droogdok Maatschappij N.V. te Amsterdam. De masten en de laadbomen worden verwijderd, het schip kan 100 containers benedendeks en 40 containers bovendeks vervoeren. Ook wordt het uitgerust met een boegschroef. De totale ombouwkosten bedragen ongeveer 1,5 miljoen gulden.
06-1968	Herdoopt in *Eemstroom*.
04-07-1968	Eerste afvaart als containerschip, in de Amsterdam-Felixstowe dienst v.v. (Holland Container Line - 3 afvaarten per week). De H.S.M. blijft het beheer over het schip houden.
02-03-1969	Gecharterd door Canadian Pacific Steamships Ltd., te Liverpool (Engeland) voor de dienst Rotterdam-Canada v.v.
25-03-1969	De gecharterde *Zaanstroom* (1969) neemt de dienst van de *Eemstroom* over.
01-01-1970	Overgedragen aan de N.V. Nederlandsche Scheepvaart Unie te Rijswijk, en niet herdoopt.
30-06-1970	Overgedragen aan de Nedlloyd N.V. te Rotterdam, en niet herdoopt.
21-08-1971	Weer overgedragen aan de H.S.M. en opgelegd aan de Handelskade te Amsterdam.
12-1972	Verkocht aan J. Jem Shipping Inc. te Tampa, Florida, (U.S.A.). Het schip zou gaan varen met thuishaven Managua (Nicaragua). De verkoop wordt echter geannuleerd.
01-02-1973	Doorverkocht aan Ignazio Messina & Co., te Genua (Italië), en herdoopt in *Jollyverde*.
1973	Verkocht aan Meton Compania Naviera S.A., te Piraeus (Griekenland), en herdoopt in *Alexandros*.
20-04-1978	Te Piraeus opgelegd.
1979	In het derde kwartaal van dit jaar verkocht voor sloop.
08-1980	Te Piraeus gesloopt.

Onder: Als Jollyverde.

Inmiddels met een grijze romp als Alexandros.

m.s. "ANGOLAKUST"

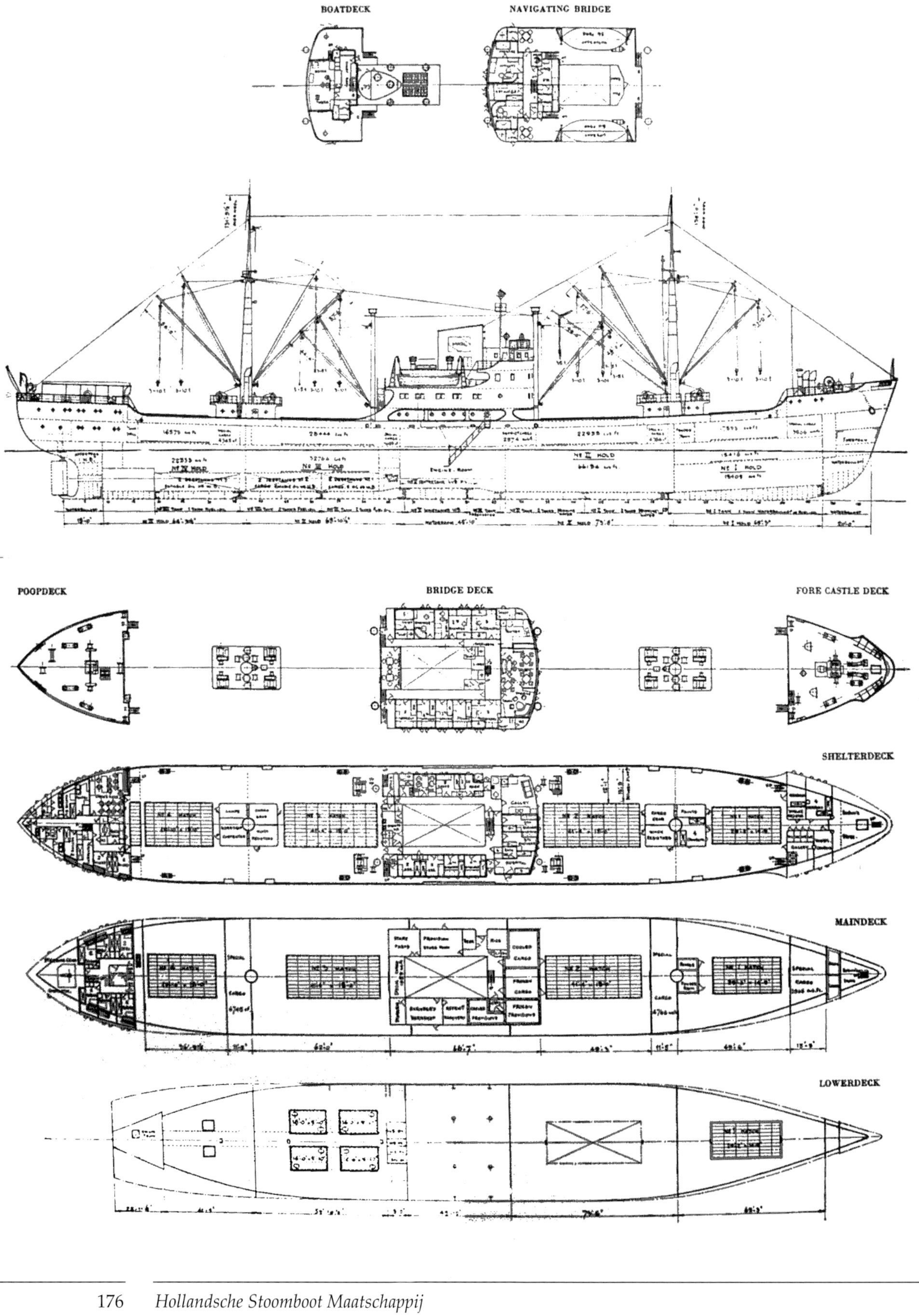

59. ms ANGOLAKUST 1955-1964

Roepnaam: PCQV.
Werf: Howaldts Werke A.G. te Hamburg (Duitsland).
Bouwnummer: 890.
Bouwjaar: 1955.
Brt 3356, Netto 1724 ton, Draagvermogen 4855 ton.
Afmetingen: Lengte o.a. 118,47 m. (Lengte l.l. 111,81 m.) Breedte 15,64 m. Holte 6,77 m.
Machine: 2 tew, 6 cil. Werkspoor-Lugt dieselmotor, fabrikaat Werkspoor N.V. te Amsterdam.
Machinevermogen: 3300 rpk.
Snelheid: 14 zeemijl per uur.
Uitgerust met een koel- en vriesruimte.
Ingericht voor het vervoer van plantaardige olie in deep tanks in ruim III en IV.
2 dekken (open shelterdek, hoofddek en een tussendek in ruim I), 2 masten, 4 laadpalen,
12 laadbomen, 1 zware spier van 35 ton, 4 ruimen.
2 reddingsboten.
Accommodatie voor 6 passagiers.

De Angolakust op de uitreis.

09-03-1955	Kiellegging.
30-07-1955	Te water gelaten.
08-12-1955	Technische proefvaart op de Elbe.
21-12-1955	Opgeleverd aan de H.S.M.
12-1955	Het schip wordt ingezet in de H.W.A.L.-dienst.
24-12-1955	Vertrekt voor haar eerste reis naar West-Afrika via Hamburg, Amsterdam en Antwerpen.
01-01-1964	Overgedragen aan de N.V. Stoomvaart Maatschappij Nederland te Amsterdam, en niet herdoopt. Het beheer blijft bij de H.S.M. (Pas in december 1964 officieel overgedragen)
12-1967	Door de N.V. Stoomvaart Maatschappij Nederland te Amsterdam onder participatie overeenkomst met de N.V. Vereenigde Nederlandsche Scheepvaartmaatschappij te Rotterdam gebracht. Het beheer blijft bij de H.S.M.
19-09-1969/ 01-12-1969	Gecharterd door de Harrison Line te Liverpool (Engeland) voor een reis naar de West.
30-06-1970	Overgedragen aan de Nedlloyd N.V. te Rotterdam, en niet herdoopt.

Varend in het Noordzee-kanaal, na een rondreis naar West-Afrika.

De Angolakust inmiddels overgedragen en varend met een H.S.M. schoorsteen.

15-09-1970	Verkocht aan Akra Shipping Co. Ltd. (Constellation Line) (Manager F.C. Georgopoulos) te Panama, en herdoopt in *Akra Tenaron*.
11-1970	Piraeus (Griekenland) wordt de nieuwe thuishaven.
1978	Verkocht aan Tenmar Shipping Co., te Piraeus (Manager F.C. Georgopoulos), en niet herdoopt.
1979	Herdoopt in *Tenaron*.
10-1979	Verkocht voor sloop aan Brodospas te Split, Kroatië (Joegoslavië).
10-11-1979	Arriveert bij de sloopwerf te Split.

Als Akra Tenaron in Engelse wateren.

60. ms GHANAKUST 1957 - 1958

Roepnaam: PEIX.
Zie nr. 44. *Nigerstroom*

Na een aanvaring werd de Ghanakust voor sloop verkocht.

61. ms HONTESTROOM (II) 1957-1969

Roepnaam: PESZ.
Werf: Arnhemsche Scheepsbouw Maatschappij N.V. te Arnhem.
Bouwnummer: 382.
Bouwjaar: 1957.
Brt 500, Netto 220 ton, Draagvermogen 770 ton.
Afmetingen: Lengte o.a. 68,51 m. (Lengte l.l. 65,68 m.) Breedte 9,88 m. Holte 3,60 m.
Machine: 4 tew, 8 cil. Werkspoor dieselmotor, fabrikaat Werkspoor N.V. te Amsterdam.
Machinevermogen: 1030 rpk.
Snelheid: 12.5 zeemijl per uur.
Uitgerust met een koel- en diepvriesruim.
2 dekken (open shelterdek en hoofddek), 2 masten, 2 laadpalen, 6 laadbomen, 3 ruimen (waarvan ruim III koel- en diepvriesruim).
2 reddingsboten.
Accommodatie voor 2 passagiers.

Binnenlopen van een Engelse haven.

m.s. „HONTESTROOM”

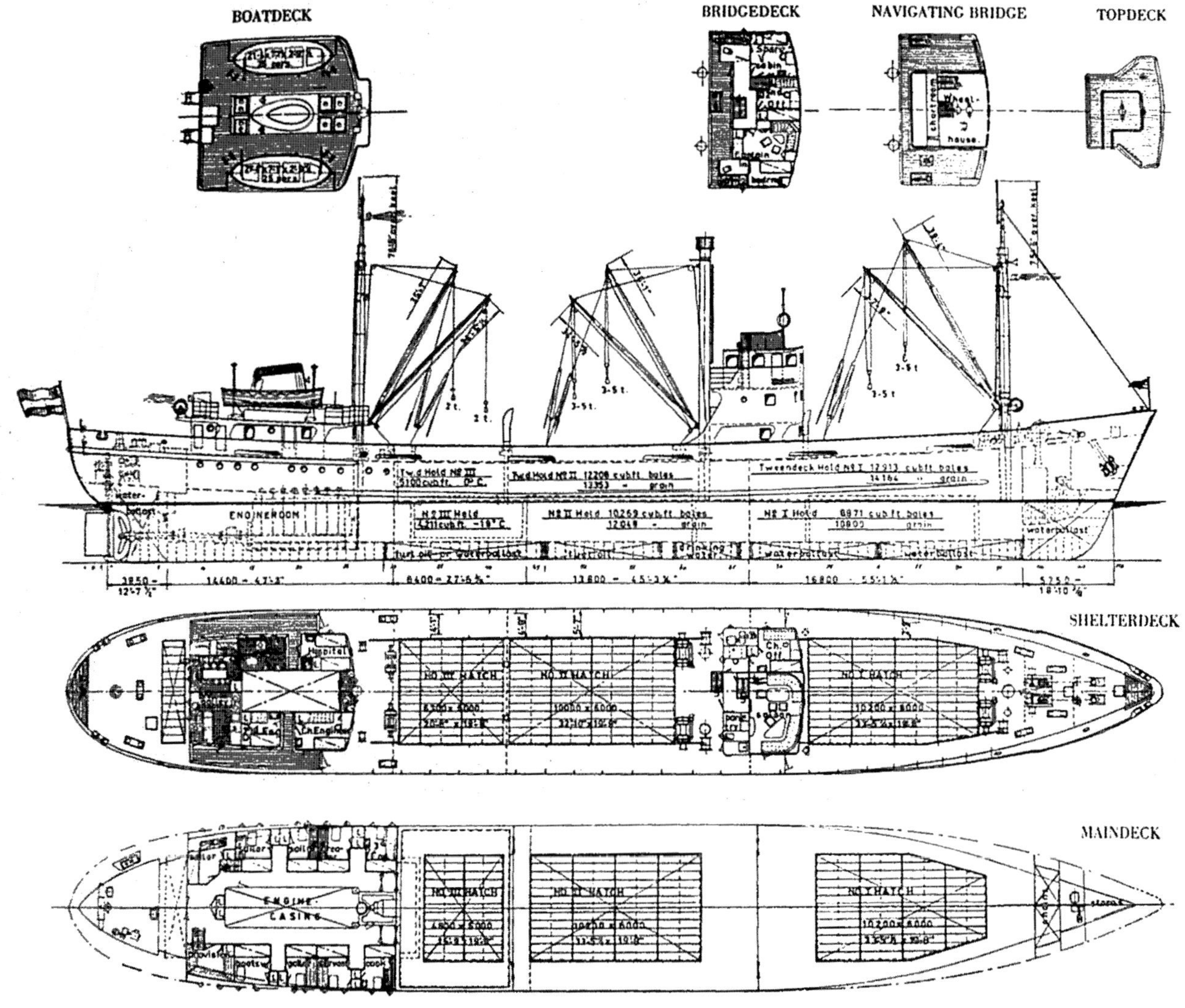

Passeren van de pont over het Noordzeekanaal bij Assendelft, gefotografeerd vanaf de kant bij Buitenhuizen.

10-1955	Door de H.S.M. besteld.
02-02-1957	Kiellegging.
22-06-1957	Te water gelaten.
19-09-1957	Proefvaart en opgeleverd aan de H.S.M.
1957	Het schip wordt ondermeer ingezet op de Hull-dienst.
04-1969	Verkocht aan Rederij Frisian Express te Maassluis. (A. Buitelaar te Leidschendam, G.J. Meppelder te Groningen en P. Vroon te Breskens), (Manager Handels & Scheepvaart Onderneming Vroon B.V.) te Breskens, en herdoopt in *Frisian Express*.
1970	Verbouwd tot transportschip voor levend vee bij Schiffswerft Cassens te Emden (Duitsland).
1975	Verkocht aan Rederij Willem Beukelsz. IV (Handels & Scheepvaart Onderneming Vroon B.V.) te Breskens, en niet herdoopt.
04-1987	Overgedragen aan July International Navigation Inc. (Vroon) te Port Vila (Vanuatu), en niet herdoopt.
1987-1989	Te Sète (Frankrijk) opgelegd.
1989	Verkocht voor sloop aan een sloopbedrijf te Vigo (Spanje).
17-08-1989	Vertrekt van Sète naar Vigo.
22-08-1989	Arriveert bij de sloopwerf te Vigo en wordt aan de grond gezet.

Nadat de luiken zijn geopend, hangt boven ruim I een presenning te drogen.

Ontdaan van alle laadbomen zien we schip in het Noordzeekanaal ter hoogte van Amsterdam-Noord.

Onder:
In het Kieler Kanaal.

Rechts:
Als Frisian Express.

De Frisian Express zou later onder de vlag van Vanuatu komen met thuishaven Port Vila, waar ze nooit zou komen.

64. ms LIBERIAKUST 1960-1964

Roepnaam: PFNW.
Werf: Arnhemsche Scheepsbouw Maatschappij N.V. te Arnhem.
Bouwnummer: 398.
Bouwjaar: 1960.
Brt 3379, Netto 1724 ton, Draagvermogen 4850 ton. Open shelterdek.
Brt 4623, Netto 2580 ton, Draagvermogen 5440 ton. Gesloten shelterdek.
Afmetingen: Lengte o.a. 118,60 m. (Lengte l.l. 108,75 m.) Breedte 15,70 m. Holte 7,13 m.
Machine: 2 tew, 6 cil. Werkspoor-Lugt diesel, fabrikaat Werkspoor N.V. te Amsterdam.
Machinevermogen: 3600 rpk.
Snelheid: 14 zeemijl per uur.
Uitgerust met een koel- en diepvriesruimte.
Ingericht voor het vervoer van plantaardige olie in deeptanks in ruim I, III en IV.
2 dekken (gesloten shelterdek, hoofddek en een tussendek in ruim I), 2 masten, 4 laadpalen, 12 laadbomen, 1 zware spier van 35 ton, 4 ruimen.
2 reddingsboten.
Accommodatie voor 8 passagiers.

Onder de bak waren de wc's en wasplaatsen voor de Kroo-boys, ook was er een hut met vier slaapplaatsen. Onder de voormast aan stuurboord-zijde was ook een hut met vier kooien voor Kroo-boys.

De opbouw van de Liberiakust en Togokust week iets af van die van de Guineekust en Angolakust.

m.s. „Liberiakust"

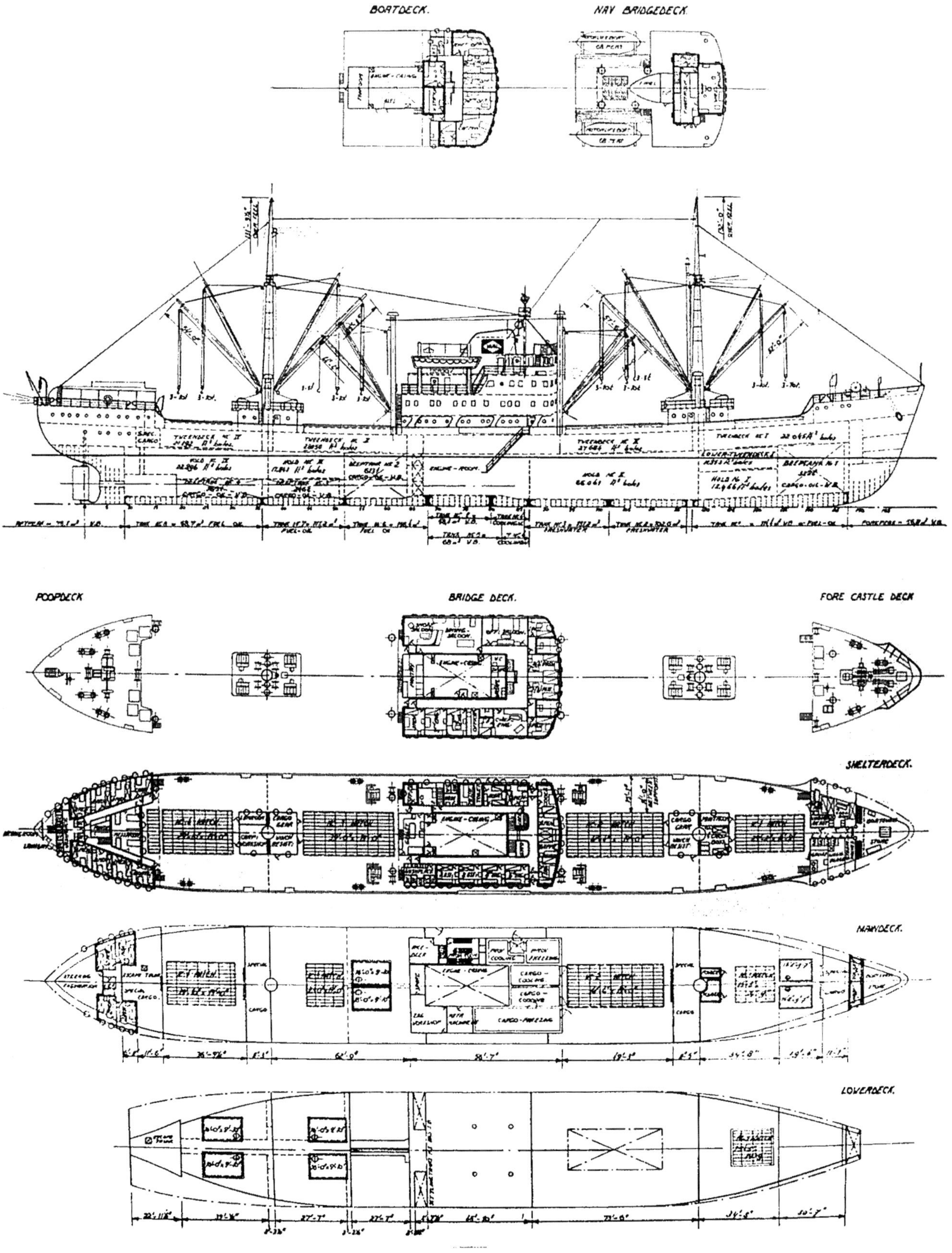

12-1958	Door de H.S.M. besteld, als vervanging voor het verloren gegane ms *Ghanakust*.
29-01-1959	Kiellegging.
19-02-1960	Te water gelaten.
30-06-1960	Technische proefvaart.
05-07-1960	Opgeleverd aan de H.S.M.
07-1960	Het schip wordt ingezet in de H.W.A.L.-dienst.
01-01-1964	Overgedragen aan de N.V. Stoomvaart Maatschappij Nederland te Amsterdam, en niet herdoopt. Het beheer blijft bij de H.S.M. (Pas in december 1964 officieel overgedragen).
12-1967	Door de N.V. Stoomvaart Maatschappij Nederland te Amsterdam onder participatie overeenkomst met de N.V. Vereenigde Nederlandsche Scheepvaartmaatschappij te Rotterdam gebracht. Het beheer blijft bij de H.S.M.
30-06-1970	Overgedragen aan de Nedlloyd N.V. te Rotterdam, en niet herdoopt.
06-1971	Verkocht aan Akranian Shipping Company S.A. (Constellation Line) (Manager F.C. Georgopoulos) te Piraeus (Griekenland), en herdoopt in *Akra Sounion*. Het schip vaart onder Panamese vlag.
1978	Verkocht aan Sunmar Shipping Company S.A. te Piraeus, en niet herdoopt.
1979	Herdoopt in *Sounion*.
1980	Verkocht aan Kilmaine Maritime Inc. (Managers Kavadas Brothers & Company) te Piraeus, en herdoopt in *Lefkadian Sky*.
17-02-1982	Te Lefkas (Griekenland) opgelegd.
1984	Verkocht voor sloop aan Brodospas te Split, Kroatië (Joegoslavië).
11-06-1984	Arriveert bij de sloopwerf te Split.

Links: Op het IJ ter hoogte van Amsterdam-Noord.

Op de Liberiakust zat een bemanning van gemiddeld 45 of 48 man.

De Liberiakust, op de foto varend in het Noordzeekanaal, kon ook plantaardige olie (o.a. palmolie) vervoeren in deeptanks.

Varend op de Nieuwe Waterweg in Nedlloyd kleuren.

Uitgaand voor een kustreis ter hoogte van Hoek van Holland.

Als Lefkadian Sky in Rotterdam.

65. ms BERKELSTROOM (IV) 1962-1974

Roepnaam: PDAW.
Werf: N.V. Scheepswerf Hoogezand (Jac. Bodewes) te Bergum.
Bouwnummer: 111.
Bouwjaar: 1962.
Brt 489, Netto 364 ton, Draagvermogen 885 ton.
Afmetingen: Lengte o.a. 59,47 m. (Lengte l.l. 53,98 m.) Breedte 9,27 m. Holte 3,50 m.
Machine: 4 tew, 8 cil. Deutz diesel, fabrikaat Klöckner-Humbolt-Deutz A.G. te Keulen (Duitsland).
Machinevermogen: 800 rpk.
Snelheid: 10.5 zeemijl per uur.
Uitgerust met een koel- en vriesruimte voor eigen gebruik.
2 dekken (open shelterdek en hoofddek), 2 masten, 4 laadbomen, 1 ruim.
1 reddingsboot.

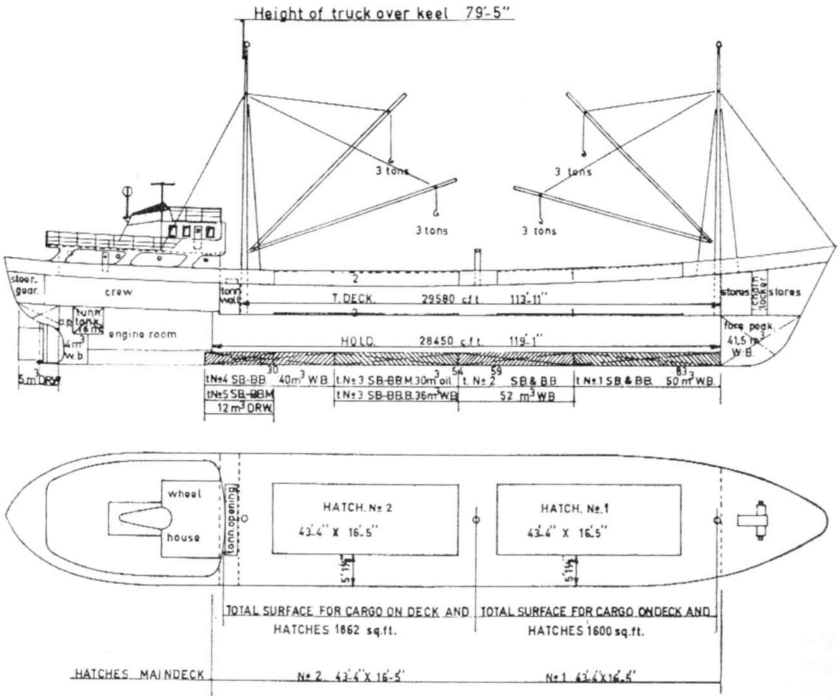

Boven: Proefvaart op 8 mei 1962.

Met een fikse deklast opvarend naar Amsterdam.

Varend in het Noordzeekanaal met op de achtergrond de oude fabriekshallen van Koninklijke Papierfabriek 'De Eendracht' (Van Gelder) in Velsen-Noord.

21-02-1962	Te water gelaten.
08-05-1962	Proefvaart en opgeleverd aan de H.S.M.
1962	Het schip wordt ingezet op verschillende lijndiensten, maar hoofdzakelijk in de wilde vaart.
10-1968	Gecharterd door de Koninklijke Nederlandsche Stoomboot Maatschappij N.V. te Amsterdam voor een veertiendaagse dienst op de Middellandse Zee, en niet herdoopt.
1970	Vaart in de H.S.M./B.B.L. joint service van Antwerpen (België) naar Liverpool (Engeland).
01-07-1970	Overgedragen aan de N.V. Nederlandsche Scheepvaart Unie te Rotterdam (Holland Bulk Transport N.V.) en niet herdoopt.
1971	Maakt enige charterreizen tussen Sheerness (Engeland) en Gibraltar en Tanger (Marokko).
1972	Vaart in time-charter voor de K.N.S.M. te Amsterdam.
1973	Vaart in time-charter voor MacAndrews & Co. Ltd., te Londen (Engeland).
01-04-1974	Overgedragen aan Gebr. De Haas Chemicaliëntankers B.V. (Ruys Transport Groep N.V.), en niet herdoopt.
06-1975	Verkocht aan Alvaro Gutierrez Mérida te Tampico (Mexico), en herdoopt in *Moctezuma II*.
1977	Verkocht aan Del Caribe Compañia Maritima op Isla Mujeres (Mexico), en niet herdoopt.
1977	Doorverkocht aan Naviera Cozumelena S.A. de C.V. op Isla Mujeres, en niet herdoopt.
2001	Wordt nog in het Lloyds Register vermeld. Verdere gegevens niet bekend.

Onder: Varend op de Nieuwe Waterweg.

Rechts: De Berkelstroom voer met een bemanning van 11 man.

De Rynstroom was het eerste schip van de Maatschappij van het type roll-on/roll-off.

10-1964 Door de H.S.M. besteld.
30-10-1965 Te water gelaten.
01-02-1966 Proefvaart op het IJ bij Amsterdam.
03-02-1966 Opgeleverd aan de H.S.M. Dit was het eerste roll-on-roll-offschip voor de H.S.M.
05-02-1966 Vertrekt voor haar eerste reis in de dienst van Amsterdam naar Shoreham (Engeland) v.v.
1967 Verbouwd, achtermast verwijderd en achterklep aangebracht, tevens boven achterdek doorgetrokken.
01-07-1970 Overgedragen aan de N.V. Nederlandsche Scheepvaart Unie te Rotterdam (Holland Bulk Transport N.V.), en niet herdoopt.
01-04-1974 Overgedragen aan Gebr. De Haas Chemicaliëntankers B.V. (Ruys Transport Groep N.V.), en niet herdoopt.
1974 Maakt reizen naar onder andere de Middellandse Zee.
03-1976 Verkocht aan Handels & Scheepvaart Onderneming Vroon B.V. te Breskens, en herdoopt in *Car Express*.
03-1976/ 07-05-1976 Verlengd met 6,64 meter bij A.Vuijk & Zonen's Scheepswerven N.V. te Capelle aan den IJssel.
1977 Verbouwd tot transportschip voor levend vee door Jos L. Meyer te Papenburg am Ems (Duitsland).
14-09-1977 Vertrekt voor de eerste reis als veetransportschip.
1978-1981 Naast veetransporten wordt het schip ook ingezet voor het vervoer van personenauto's voor de Fordfabrieken.
1981 Uitgevlagd naar de Fiji-eilanden en herdoopt in *Brahman Express*.
1983 Overgedragen aan Janet Shipping Company Ltd. (Vroon) te Port Vila (Vanuatu), en niet herdoopt.
1988 Overgedragen aan Maunland Navigation Inc. (Vroon) te Manila (Filipijnen), en niet herdoopt.
08-1996 Verkocht aan Eaga Ship Management Company Inc., te Manila, en herdoopt in *Eaga Rapid Trader I*.
2002 Wordt nog in het Lloyds Register vermeld.

Voor verbouwing in het Noordzeekanaal.

Onder: Na verbouwing in het Engelse Kanaal.

In de kleuren van Gebr. De Haas met een volle lading Ford auto's

Als Car Express varend op de Wester-Schelde op 27 augustus 1979.

Als Brahman Express onder de vlag van de Fiji eilanden in Australische wateren op 19 oktober 1982.

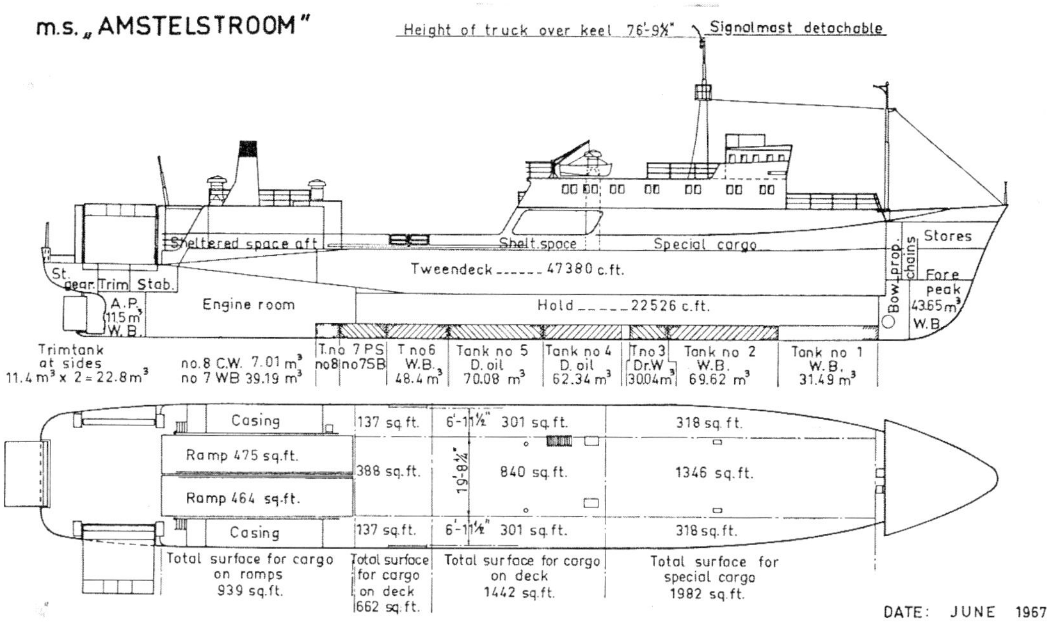

69. ms AMSTELSTROOM (VI) 1967-1974

Roepnaam: PCPT.
Werf: Arnhemsche Scheepsbouw Maatschappij N.V. te Arnhem.
Bouwnummer: 446.
Bouwjaar: 1967.
Brt 496, Netto 209 ton, Draagvermogen 736 ton.
Afmetingen: Lengte o.a. 74,89 m. (Lengte l.l. 70,96 m.) Breedte 10,82 m. Holte 6,83 m.
Machine: 2 x 4 tew, 9 cil. M.A.N. diesels, fabrikaat Maschinenfabrik Augsburg-Nürnberg A.G. te Augsburg (Duitsland).
Machinevermogen: 2360 rpk.
Snelheid: 14.5 mijl
2 dekken, RoRo (gesloten shelterdek, rijdek en bovendek), dubbele seinmast op het brugdek, 1 mast op het voordek, 1 ruim.
1 reddingsboot

Eerste aankomst in juli 1967 in Hull.

De Amstelstroom was in tegenstelling tot de Rynstroom al meteen uitgerust met een achterlaadklep.

Rechts: Duidelijk waarneembaar zijn de achter- en zijklep voor het RoRo vervoer.

De Amstelstroom was uitgerust met een boegschroef. Elk van de 11 man bemanning had zijn eigen hut.

Varend in het Noordzeekanaal op weg naar Hull met op de achtergrond de voormalige Hoogovens, tegenwoordig Corus.

05-1966	Door de H.S.M. besteld.
28-09-1966	Kiellegging.
21-04-1967	Te water gelaten.
25-06-1967	Proefvaart.
26-06-1967	Opgeleverd aan de H.S.M.
07-1967	Ingezet op de Humber dienst (Amsterdam/Hull v.v. 3 afvaarten per week) onder de naam Amsterdam-Humber Ferry.
01-07-1970	Overgedragen aan de N.V. Nederlandsche Scheepvaart Unie te Rotterdam (Holland Bulk Transport N.V.), en niet herdoopt.
12-1973	Ingezet op de Shoreham-dienst v.v.
01-04-1974	Overgedragen aan Gebr. De Haas Chemicaliëntankers B.V. (Ruys Transport Groep N.V.), en niet herdoopt.
1974-1975	Vaart in charter voor Trafume te Valencia (Spanje) tussen Valencia-Barcelona (Spanje), Marseille (Frankrijk), Augusta, Sicilië (Italië), Beirut (Libanon), (later Famagusta-Cyprus), Valencia in een 14-daagse dienst.
12-1975	Verkocht aan Handels & Scheepvaart Onderneming Vroon B.V. te Breskens, en herdoopt in *Mediterranean Express*.
03-1976/ 04-1976	Verlengd met 6,46 meter bij A.Vuijk & Zonen's Scheepswerven N.V. te Capelle aan den IJssel.
1978 / 03 - 1983)	In deze periode wordt het schip ingezet voor het vervoer van personenauto's voor de Ford-fabrieken. Tussendoor maakt het enige reizen naar Libië.
30-03-1983/ 08-1987	In deze periode is het schip opgelegd bij Jos L. Meyer te Papenburg am Ems (Duitsland).
08-1987	Verbouwd tot transportschip voor levend vee bij Jos L. Meyer te Papenburg am Ems.
15-12-1987	De verbouwing is gereed en het schip wordt herdoopt in *Angus Express*.
03-1988	Overgedragen aan Vroon te Manila (Filipijnen), en niet herdoopt.
1989	Overgedragen aan Maunland Navigation Inc. (Vroon) te Manila, en niet herdoopt.
1990	Overgedragen aan Bonita Marine Management Inc. (Vroon) te Manila, en niet herdoopt.
2001	Te Sluiskil opgelegd.
11-2001	Verkocht voor sloop aan Jay Bharat Steel Industries te Alang (India).
29-12-2001	Arriveert bij de sloopwerf te Alang en wordt op het strand gezet.

Als Mediterranean Express voor verlenging.

Met grijze romp na verlenging.

70. ms EEMSTROOM (IV) 1968 - 1972

Als Angus Express in juli 1988.

Roepnaam: PDVY.
Zie nr. 58. *Guineekust*

De Guineekust werd verbouwd tot cellulair containerschip en herdoopt in Eemstroom. Het werd vanaf 4 juli 1968 ingezet in de Amsterdam-Felixstowe dienst v.v. (Holland Container Line). Er waren drie afvaarten per week. De resultaten van de dienst velen tegen en het schip werd er na driekwart jaar al weer vanaf gehaald.
Vanaf 2 maart 1969 werd de Eemstroom gecharterd door de Canadian Pacific Steamships Ltd., in Liverpool voor een dienst Rotterdam-Canada v.v.
Op de foto's zien we de Eemstroom varend in de kleuren van Canadian Pacific op de Nieuwe Waterweg.

9 *Schepen in charter bij de H.S.M.*

Ships chartered by the H.S.M.

De Hollandsche Stoomboot Maatschappij heeft een aantal schepen in charter gehad, die een bij de H.S.M. gebruikelijke naam kregen tijdens de charterperiode. Ook werden er schepen gecharterd die onder hun eigen naam bleven varen. Vermeld zijn echter alleen de schepen met een "Stroom"-naam

In the fleetlist are only mentioned the ships who were given a "Stroom"-name during the charter period. The H.S.M. chartered as well ships who sailed under there own name during the charter period.

A01. ms VECHTSTROOM 1951-1952

Ex ms *Bierum*.
Roepnaam: PDCS, vanaf 1952 PDCT (Als *Vechtstroom* roepnaam PIEK).
Eigenaar: J. Damhof Jr. & H. Damhof Sr. te Delfzijl.
Werf: Scheepswerf Volharding (Gebr. Bodewes) te Foxhol.
Bouwnummer: 120.
Bouwjaar: 1948.
Brt 400, Netto 242 ton, Draagvermogen 575 ton.
Afmetingen: Lengte o.a. 50,11 m. (Lengte l.l. 46,45 m.) Breedte 8,41 m. Holte 3,26 m.
Machine: 4 tew, 6 cil. Brons diesel, fabrikaat N.V. Appingedammer Brons Motorenfabriek te Appingedam.
Machinevermogen: 360 rpk.
Snelheid: 9.5 mijl.
1 dek (half shelterdek), 1 mast, 2 laadbomen, 1 ruim.
2 reddingsboten.

De Bierum was het eerste gecharterde schip dat in april 1951 een "Stroom"-naam kreeg.

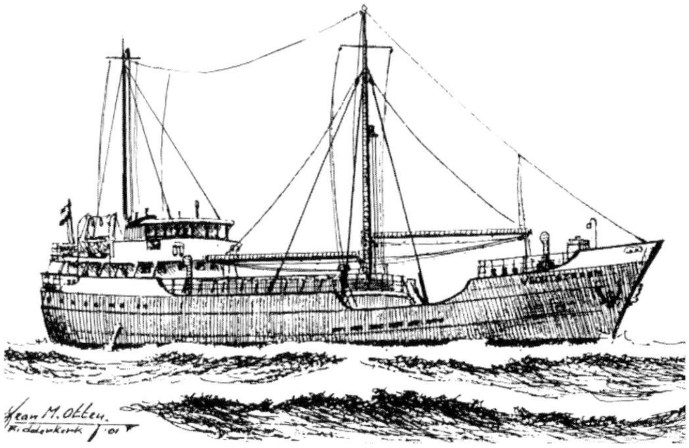

De Bierum voor de wal in een Engelse haven.

De Bierum kreeg de naam Vechtstroom

11-09-1948	Te water gelaten.
10-12-1948	Proefvaart, en opgeleverd als *Bierum* aan Jan Damhof Jr. & Harm Damhof Sr. te Delfzijl. (Managers N.V. Scheepvaartbedrijf "Gruno") te Delfzijl.
03-04-1951/ 06-05-1952	Charterperiode H.S.M. en herdoopt in *Vechtstroom*. Het schip wordt ingezet op de Londen-dienst.
07-05-1952	Overgedragen aan de eigenaar en als *Bierum* weer in de vaart. (Managers N.V. Scheepvaartbedrijf "Holland-Coasting") te Amsterdam.
04-05-1954	Managers N.V. Scheepvaartbedrijf "Poseidon" te Delfzijl.
26-03-1959/ 27-03-1959	Het schip ligt voor reparatie bij Scheepswerf en Machinefabriek "Welgelegen" te Harlingen. In de nacht tijdens opkomend tij worden niet tijdig de meertrossen gevierd, waardoor het schip kapseist. Hierbij verliest een bemanningslid van de in de haven gelegen *Jantje Eppiena* (1957- Brt 376) het leven.
01-04-1959	Het schip wordt rechtgezet en voor reparatie afgemeerd bij de werf.
11-03-1971	Verkocht aan Center World Shipping Company Ltd., te Roatan (Honduras), en herdoopt in *Seatrader II*.
21-06-1971	Verkocht aan H. Hall & Field Jones te Roatan, en niet herdoopt.
1996	Wordt niet meer in Lloyd's Register vermeld.

Als Vechtstroom voor de kant in de Binnenhaven.

A02. ms VLIESTROOM 1951-1952

Ex ms *Marsdiep*.
Roepnaam PFVJ (Als *Vliestroom* roepnaam PIHL).
Eigenaar: N.V. Kustvaart-Redeerij van Dudok de Wit & Co. te Amsterdam.
Werf: Motherwell Bridge & Engineering Co. Ltd., te Motherwell (Schotland).
Bouwjaar: 1943.
Brt 429, Netto 166 ton, Draagvermogen 685 ton.
Afmetingen: Lengte o.a. 61,08 m. (Lengte l.l. 56,42 m.) Breedte 9,17 m. Holte 3,57 m.
Machine: 2 x 4 tew, 12 cil. Ricardo diesels, fabrikaat Davey, Paxman & Co. Ltd., te Colchester (Engeland). Beide machines zijn in 1941 gebouwd.
Machinevermogen: 680 rpk.
2 schroeven.
Snelheid: 9.5 zeemijl per uur.
Machine vanaf 1956: 2 x 4 tew, 12 cil. Mercedes Benz diesels, fabrikaat Mercedes-Benz A.G. te Stuttgart (Duitsland).
Machine vanaf 1972: 2 x 4 tew, 8 cil. Caterpillar diesels, fabrikaat Caterpillar Tractor Co., te Peoria, Illinois, (U.S.A.).
2 dekken (open shelterdek en hoofddek), 2 masten, 2 laadbomen, 2 ruimen.
2 reddingsboten.

De Marsdiep was een verbouwde LCT.

De Marsdiep te IJmuiden.

14-09-1943	Te water gelaten.
22-09-1943	Proefvaart, en opgeleverd als LCT (3) 465 voor de Britse regering. (Royal Navy)
06-1946	Verkocht aan Humpleby & Co., te Londen (Engeland).
1947	Verkocht aan N.V. Kustvaart-Reederij van Dudok de Wit & Co., te Amsterdam, en tot vrachtschip verbouwd bij N.V. Holland-Nautic Scheepswerf en Machinefabriek te Haarlem. De bakboord Ricardo diesel wordt bij deze verbouwing gereviseerd.
27-10-1948	Proefvaart, en opgeleverd. Het schip komt in de vaart als *Marsdiep*. (Managers N.V. Scheepvaartbedrijf "Gruno") te Amsterdam.
1950	De stuurboord Ricardo diesel wordt gereviseerd.
02-04-1951/ 30-01-1952	1e Charterperiode H.S.M. en herdoopt in *Vliestroom*. Het schip wordt ingezet op de Londen-dienst.
31-01-1952	Overgedragen aan de eigenaar.
31-01-1952/ 20-02-1952	Niet bekend is of het schip is opgelegd geweest, of heeft gevaren als *Marsdiep* in deze periode.
21-02-1952/ 05-03-1952	2e Charterperiode H.S.M. en weer herdoopt in *Vliestroom*.
06-03-1952	Overgedragen aan de eigenaar, die het schip te koop aanbiedt.
03-1952	Verkocht aan Navebras S.A. (Comercio de Petroleo) te Rio de Janeiro (Brazilië), en herdoopt in *Santa Luiza*.
1954	Verkocht aan L. Figueiredo Navegaçăo S.A. te Rio de Janeiro, en niet herdoopt.
1956	Voorzien van nieuwe motoren.

1960 Verkocht aan Transportes Maritimos Itajaiense Ltda te Itajai (Brazilië), en niet herdoopt.
1962 Verkocht aan Navegaçâo e Comercio Sergipe Parana S.A. te Rio de Janeiro, en niet herhoopt.
1972 Voorzien van nieuwe motoren.
1977 Verkocht aan Joaquim Fonseca Navegaçâo Comercio e Industria S.A. (Jonasa) te Recife, later Belem (Brazilië), en herdoopt in *Siriri*. Volgens Lloyd's Confidential Index al aangekocht in 1967.
1993 Wordt niet meer in het Lloyd's Register vermeld.

Als Vliestroom, maar ook als Marsdiep vervoerde het schip veel aardappelen.

A03. ms MAASSTROOM 1951-1951

Ex ms *Hoc-Vinces*.
Roepnaam: PESA (Als *Maasstroom* roepnaam PFRN).
Eigenaar: N.V. Kustvaart Rederij "Hoc-Vinces" te Den Haag.
Werf: E.J. Smit & Zoon's Scheepswerven N.V. te Westerbroek.
Bouwnummer: 679.
Bouwjaar: 1943.
Brt 352, Netto 160 ton, Draagvermogen 432 ton.
Na de verbouwing in 1953: Brt 352, Netto 125 ton, Draagvermogen 432 ton.
Afmetingen: Lengte o.a. 47,58 m. (Lengte l.l. 41,51 m.) Breedte 8,11 m. Holte 2,83 m.
Machine: 2 tew, 3 cil. Brons diesel, fabrikaat N.V. Appingedammer Brons Motoren Fabriek te Appingedam. (Bouwjaar motor 1934, wordt in 1950 geplaatst)
Machinevermogen: 240 rpk.
Snelheid: 9 zeemijl per uur.
Machine: vanaf 1953: 4 tew, 6 cil. Werkspoor diesel, fabrikaat Werkspoor N.V. te Amsterdam.
Machinevermogen: 370 rpk.
Snelheid: 9.5 zeemijl per uur.
2 dekken (open shelterdek en hoofddek), 2 masten, 2 laadbomen, 1 ruim.
2 reddingsboten.

21-08-1957 Te water gelaten.

04-10-1957 Proefvaart op de Eems, en opgeleverd als *Groningen* aan Rederij m.s. "Groningen" (Eiso Hendrik Schuur) (Managers N.V. Scheepvaartkantoor "Groningen") te Groningen.

01-09-1959/
08-02-1960 Charterperiode H.S.M., en herdoopt in *Jaarstroom*. Het schip wordt ingezet op de Mersey-dienst.

08-02-1960 Overgedragen aan de eigenaar, en als *Groningen* weer in de vaart.

24-10-1968 Verkocht aan Rederij Bonanza te Rotterdam (A.J. van de Gevel, Mombassa (Kenia) en P.W. Spaarman (Zuid-Oost Beemster) en herdoopt in *Ngombe*.

06-01-1970 Verkocht aan Livestock Liners Ltd., te Nassau (Bahama's), en herdoopt in *Bonito*, het schip vaart onder de vlag van Bermuda.

04-06-1972 Verkocht aan Jalil Sayed Hassan Behbehani te Al Kuwayt (Kuweit), en herdoopt in *Yasmeen*.

12-03-1973 In positie 16.04 NB. en 53.24 OL. in de Golf van Aden in brand geraakt en totaal uitgebrand. Het wrak is blijven drijven, en wordt later voor sloop verkocht. (Er is echter ook gemeld dat het schip op 13-03-1973 voor de kust van Zuid Jemen is gezonken.)

Links: Als Groningen varend onder de Engelse kust.

Rechts: Na de charterperiode weer onder haar oude naam Groningen in het Noordzeekanaal vlak bij IJmuiden.

Herdoopt in Jaarstroom passeert ze pont Buitenhuizen op weg naar zee.

A09. ms DINKELSTROOM 1960-1962

Ex ms *Swallow*.
Roepnaam: PHVO, vanaf 1962 PHVP (Als *Dinkelstroom* roepnaam PDQV).
Eigenaar: N.V. Scheepvaart Maatschappij "Westerhaven" te Groningen.
Werf: Bodewes Scheepswerven N.V. te Martenshoek.
Bouwnummer: 384.
Bouwjaar: 1951.
Brt 495, Netto 306 ton, Draagvermogen 750 ton.
Afmetingen: Lengte o.a. 52,73 m. (Lengte l.l. 47,73 m.) Breedte 8,53 m. Holte 3,61 m.
Machine: 4 tew, 8 cil. M.A.N.diesel, fabrikaat Maschinenfabrik Augsburg-Nürnberg A.G. te Augsburg (Duitsland).
Machinevermogen: 395 rpk.
Snelheid: 9.5 zeemijl per uur.
1 dek (verhoogd achterdek), 1 mast, 2 laadbomen, 1 ruim.
2 reddingsboten en 1 reddings/werkboot.
Het schip heeft aanvankelijk een zwarte romp, later een grijze romp.

Boven: Als Swallow vaart ze de pieren van IJmuiden uit.

Rechtsboven: Herdoopt als Dinkelstroom in een Engelse haven.

De gecharterde Dinkelstroom varend voor het Centraal Station in 1962 op het IJ te Amsterdam.

12-09-1950	Kiellegging.
14-12-1950	Te water gelaten.
15-02-1951	Proefvaart, en opgeleverd als *Swallow* aan N.V. Scheepvaart Maatschappij "Wester-haven" te Groningen (twee derde Maatschappij Bodewes te Martenshoek en één derde J. Seven te Groningen. (Managers Dammers & Van der Heide's Scheepvaart- en Handelsbedrijf N.V. te Rotterdam.)
1954	Managers N.V. Scheepvaartkantoor "Groningen" te Groningen.
14-01-1960/ 17-07-1962	Charterperiode H.S.M. en herdoopt in *Dinkelstroom*. Het schip wordt ingezet op verschillende lijndiensten.
17-07-1962	Overgedragen aan de eigenaar en als *Swallow* weer in de vaart.
20-02-1967	Verkocht voor *f* 420.000,- aan K. Drent. (Managers Kamp's Scheepvaart- en Handelsmaatschappij N.V.) te Groningen, en herdoopt in *Anna Drent*.
26-06-1975	Verkocht aan Michail Gigilinis te Piraeus (Griekenland), en herdoopt in *Elina G.*
1977	Verkocht aan A. Katopodis & George Mazis te Piraeus, en niet herdoopt.
1980	Verkocht aan Dimitrios Shipping Co. Ltd. (Manager Michail Gigilinis) te Tessaloniki (Griekenland), en niet herdoopt.
1980	Verkocht aan Th. Markezinis, G. Daglas & G. Aktipis te Piraeus, en herdoopt in *Grigorios M.*
1980	Doorverkocht, en herdoopt in *Andonis*.
1986	Verkocht aan Brodarska Zadruga "Zora" te Split, Kroatië (Joegoslavië), en herdoopt in *Kapetan Vjeko*.
1993	Verkocht aan Poduzece Jadran Cargo te Split, en niet herdoopt.
1997	Verkocht aan Anti-Plov te Zadar, Kroatië (Joegoslavië), en niet herdoopt.
1999	Verkocht aan Poduceze ZRN d.o.o. te Zadar en herdoopt in *Kapetan Bozo*.
2001	Wordt nog in het Lloyd's Register vermeld.

De bijzonder fraaie Dinkelstroom voer ruim twee en een half jaar voor de H.S.M.

A10. ms WAVERSTROOM 1960-1970

Ex ms *Expo*.
Roepnaam: PEAN (Als *Waverstroom* roepnaam PINA).
Eigenaar: Rederij Expo (J.J. Tuil, E.J. Hylkema en J. Groenewold) te Delfzijl.
Werf: N.V.Scheepswerf Voorwaarts v/h E.J. Hylkema te Hoogezand.
Bouwnummer: 176.
Bouwjaar: 1959.
Brt 489, Netto 282 ton, Draagvermogen 675 ton.
Afmetingen: Lengte o.a. 52,36 m. (Lengte l.l. 49,83 m.) Breedte 8,47 m. Holte 3,56 m.
Machine: 4 tew, 6 cil. M.W.M. diesel, fabrikaat Motoren-Werke Mannheim A.G. te Mannheim (Duitsland).
Machinevermogen: 750 rpk.
Snelheid: 11.5 zeemijl per uur.
1 dek (gladdek), 2 masten, 2 laadbomen, 1 ruim. Later zijn de laadbomen verwijderd.
2 reddingsboten, later alleen 1 reddings/werkboot.
Het schip heeft aanvankelijk een grijze romp, later een zwarte romp.

Op proefvaart als Expo.

20-12-1958	Te water gelaten voor Rederij Expo (Johannes Jac Tuil, E.J. Hylkema en Johannes Groenewold) te Delfzijl. Het schip zou oorspronkelijk gedoopt worden als *Downs*, het wordt echter gedoopt als *Expo*.
11-03-1959	Proefvaart en opgeleverd aan de rederij. (Managers W.F. Kampman's Bevrachtings- en Controlebedrijf te Amsterdam.)

Onder: Leeg voor de kant op 28 september 1960 in de Binnenhaven.

Rechts: Vertrek op maandag 24 oktober 1966 om 16.00 uur naar Engeland met de kapitein op de brugvleugel.

Als Waverstroom met een deklading caravans.

25-03-1960/ 01-07-1970	Charterperiode H.S.M. en herdoopt in *Waverstroom*. Het schip wordt ingezet op verschillende lijndiensten.
01-07-1970	Overgedragen aan de eigenaar, en als *Expo* weer in de vaart (Managers "Carebeka" N.V.) te Groningen.
04-1974	Verkocht aan Pinta Verde Shipping Co Ltd., te Panama, en niet herdoopt. (Managers W. F. Kampman's Bevrachtings- en Controlebedrijf te Amsterdam.)
13-08-1974	Verkocht aan N.N. Chowdhury & M. Ruiter te Papendrecht (Managers W.F. Kampman's Bevrachtings- en Controlebedrijf te Amsterdam), en niet herdoopt. Het schip staat geregistreerd in Panama.
05-1977	Verkocht aan Mahmoud Ibrahim Dana te Panama (Managers Aspen B.V.) te Amsterdam, en herdoopt in *Abdul Rahman*. Het schip staat geregistreerd in Panama.
1980	Verkocht aan M. Alhag Mahmoud Dana te Beirut (Libanon), en herdoopt in *Al Saber*.
1982	Herdoopt in *Abdul Rahman*.
13-06-1984	Arriveert te Castellon de la Plana (Spanje) vanuit Beirut en aan de ketting gelegd na te zijn aangehouden voor smokkel.
1985	Verkocht voor sloop aan Varela Davalillo & Isaac Manuel te Castellon de la Plana (Spanje).
02-01-1986	Aanvang sloop te Castellon de la Plana.

De Waverstroom op de foto inmiddels zonder reddingsboten, maar met een witte bies om het voorschip en de naam in het wit voer maar liefst 10 jaar in charter voor de H.S.M.

A11. ms HUNZESTROOM 1960-1962

Ex ms *Terschelling*.
Roepnaam: PHXV, vanaf 1957 PHXT, vanaf 1962 PHXO (Als *Hunzestroom* roepnaam PEUU).
Eigenaar: Kustvaart Rederij L. Schothorst & J.E. Houwerzijl te Groningen.
Werf: N.V. Scheepswerf Vooruitgang (Gebr. Suurmeyer) te Foxhol.
Bouwnummer: 170.
Bouwjaar: 1951.
Brt 499, Netto 339 ton, Draagvermogen 896 ton.
Afmetingen: Lengte o.a. 57,34 m. (Lengte l.l.53,31 m.) Breedte 9,08 m. Holte 3,69 m.
Machine: 4 tew, 8 cil. Industrie diesel, fabrikaat N.V. Motorenfabriek De Industrie (D.& J.Boot) te Alphen aan den Rijn.
Machinevermogen: 700 rpk.
Snelheid: 11.5 zeemijl per uur.
1 dek (gladdek), 1 mast, 2 laadbomen, 1 ruim.
2 reddingsboten en 1 reddings/werkboot.
Het schip heeft aanvankelijk een zwarte romp, later een grijze romp.

De Hunzestroom voer eerder als Vliestroom voor de H.S.M.

De Hunzestroom werd ook ingezet in de Londen dienst.

24-10-1950	Kiellegging.
21-03-1951	Te water gelaten.
19-05-1951	Proefvaart, en opgeleverd als *Terschelling* aan Kustvaart Rederij Lammert Schothorst & Johannes Elias Houwerzijl te Groningen. (Managers "Carebeka" N.V. te Groningen.)
1955	Managers N.V. Scheepvaartbedrijf "Gruno" te Amsterdam.
05-03-1955/ 25-05-1957	1e Charterperiode H.S.M. en herdoopt in *Vliestroom*. Het schip wordt ingezet op verschillende lijndiensten.
25-05-1957	Overgedragen aan de eigenaar, en als *Terschelling* weer in de vaart. (Managers N.V. Scheepvaartbedrijf "Gruno") te Groningen.
04-05-1960/ 05-06-1962	2e Charterperiode H.S.M. en herdoopt in *Hunzestroom*. Het schip wordt ingezet op verschillende lijndiensten.
05-06-1962	Overgedragen aan de eigenaar, en als *Terschelling* weer in de vaart. (Managers "Carebeka" N.V. te Groningen.)
20-02-1968	Verkocht aan Naviera Comercial Emanuela S.A. te Abu Dhabi (Verenigde Arabische Emiraten), en herdoopt in *Emanuela*. Het schip staat geregistreerd in Panama.
1970	Verkocht aan Iakovos Shipping Co. Ltd. (Emanuel Pitsilades & Co) te Chalkis (Griekenland) en herdoopt in *Iakovos-K*.
27-11-1979	Tijdens een reis van Chalkis naar Zuara (Libië), met een lading cement gestrand in positie 33.11 NB en 37.05 OL. Weer vlotgekomen met sleepboothulp en in beschadigde toestand haar reis voortgezet.
12-1979	Opgelopen schade aan het schip gerepareerd te Piraeus (Griekenland).
1981	Verkocht aan Finda Transportation Enterprises S.A. te Athene (Griekenland), en niet herdoopt.
1981	Verkocht aan Vasilios Papoutsoglou & Co., te Piraeus, en herdoopt in *Vasilis VI*.
1986	Verkocht aan Stamatis Papademetriou & Nikolaos Kafiris te Thessaloniki (Griekenland), en herdoopt in *Stratis*.
22-12-1991	Wordt te Ambelaki (Griekenland) opgelegd, later wordt het aan de ketting gelegd.
08-04-1993	In de machinekamer breekt brand uit. Een reparatie is economisch niet meer verantwoord. Het wrak wordt aan een Griekse sloper verkocht.
30-04-1994	Men is bezig het schip te Ambelaki te slopen. Het is niet zeker of het schip ook daadwerkelijk is gesloopt, het schijnt omstreeks oktober 1994 bij Takoradi (Ghana) nog varend te zijn waargenomen.

Zonder laadbomen vertrekt ze uit een Engelse haven weer onder haar eigen naam.

A12. ms JAARSTROOM 1960-1962

Ex ms *Gitana*.
Roepnaam: PEIV (Als *Jaarstroom* roepnaam PEXZ).
Eigenaar: N.V. Zeevaart Maatschappij "Hoornsche Diep" (E. H. Schuur en anderen).
Werf: N.V. Noord Nederlandsche Scheepswerven te Groningen.
Bouwnummer: 284.
Bouwjaar: 1957.
Brt 499, Netto 283 ton, Draagvermogen 1055 ton.
Afmetingen: Lengte o.a. 61,80 m. (Lengte l.l. 58,71 m.) Breedte 9,33 m. Holte 3,87 m.
Machine: 4 tew, 6 cil. M.A.K.diesel, fabrikaat Maschinenfabrik Kiel. A.G. te Kiel (Duitsland).
Machinevermogen: 750 rpk.
Snelheid: 11 zeemijl per uur.
1 dek (half shelterdek), 1 mast, 4 laadbomen, 2 ruimen.
1 reddingsboot.

Als Jaarstroom in het Engelse Kanaal.

Rechts: Weer onder haar naam Gitana verlaat ze de Middensluis te IJmuiden.

11-05-1957 Te water gelaten.
28-06-1957 Proefvaart op de Eems, en opgeleverd als *Gitana* aan N.V. Zeevaart Maatschappij "Hoornsche Diep" (Eiso Hendrik Schuur en anderen) (Managers N.V. Scheepvaartkantoor "Groningen" te Groningen).
13-12-1960/ 25-07-1962 Charterperiode H.S.M. en herdoopt in *Jaarstroom*. Het schip wordt ingezet op verschillende lijndiensten.

Let op het verschil in de lengte van de laadbomen op de Jaarstroom.

25-07-1962 Overgedragen aan de eigenaar, en als *Gitana* weer in de vaart.
28-12-1968 Verkocht voor £ 58.000,- aan Fratelli Coccolo te Monfalcone (Italië), en niet herdoopt.
1974 Verkocht aan Gennaro Pasquale Colandrea te Napels (Italië), en niet herdoopt.
1975 Verkocht aan San Gavino Società per Azzione di Navigazione te Cagliari, Sardinie (Italië), en herdoopt in *Norma R.*
1977 Verkocht aan Felimar S.n.c. te Cagliari en niet herdoopt.
1978 Verkocht aan Alismare S.n.c. te Cagliari, en niet herdoopt.
1979 Verkocht aan Norma S.r.L. te Napels, en herdoopt in *Antonio Scotto*.
12-1979 Liggend in een haven raakt het schip beschadigd.
02-1980 Het schip loopt met zware machineschade te Trapani (Italië), aan de grond.
02-11-1987 Wordt voor sloop te koop aangeboden.
1990 Verkocht aan M.E. Marittima Emiliana S.p.A. te Napels, en niet herdoopt. Deze nieuwe eigenaar blijkt ook de sloopwerf te zijn.
07-1992 Het is niet bekend of de sloper/eigenaar nog met het schip heeft gevaren.
07-1992 Aanvang sloop te Augusta (Italië).

A13. ms GOUWESTROOM 1961-1964

Ex ms *Dievertje*.
Roepnaam: PDQH, vanaf 1964 PDOI (Als *Gouwestroom* roepnaam PEJU).
Eigenaar: Hendrik Damhof te Delfzijl.
Werf: Scheepswerf "Hoogezand" N.V. (Jac. Bodewes) te Hoogezand.
Bouwnummer: 82.
Bouwjaar: 1957.
Brt 499, Netto 255 ton, Draagvermogen 889 ton.
Afmetingen: Lengte o.a. 59,39 m. (Lengte l.l. 56,94 m.) Breedte 9,27 m. Holte 3,29 m.
Machine: 4 tew, 8 cil. Deutz diesel, fabrikaat Klöckner-Humboldt-Deutzmotoren A.G. te Keulen (Duitsland).
Machinevermogen: 800 rpk.
Snelheid: 12 zeemijl per uur.
2 dekken (open shelterdek en hoofddek), 2 masten, 4 laadbomen, 1 ruim.
2 reddingsboten, later 1 reddingsboot.

De fraaie shelterdekker Dievertje op de proefvaart.

1957 Op stapel gezet als *Mercator*.
12-06-1957 Te water gelaten.
06-09-1957 Proefvaart, en opgeleverd als *Dievertje* aan Hendrik Damhof te Delfzijl. (Managers "Carebeka" N.V. te Groningen.)
07-04-1961/
07-04-1964 Charterperiode H.S.M., en herdoopt in *Gouwestroom*. Het schip wordt ingezet op verschillende lijndiensten.
02-01-1964 Varend in het Engelse Kanaal komt het in aanvaring met het Franse vissersvaartuig *St.Pierre Priez PourNous*. Het vissersschip zinkt, de bemanning van zes koppen wordt opgepikt en te Boulogne-sur-Mer (Frankrijk) aan land gezet.
07-04-1964 Overgedragen aan de eigenaar, en als *Dievertje* weer in de vaart.
1971 Managers N.V. Scheepvaartbedrijf "Poseidon" te Delfzijl.
03-09-1974 Verkocht aan Paula Marine Co.Ltd. te Limassol (Cyprus), en herdoopt in *Paulanis*.
12-1981 Verkocht aan Mneinne & Elouche Rafic te Beirut (Libanon), en herdoopt in *Seamaster*.
1996 Nog in de vaart.
1997 Wordt niet meer in het Lloyd's Register vermeld.

Als Gouwestroom voer ze o.a. op Liverpool en Manchester.

De Gouwestroom loopt een Engelse haven binnen.

De naam Gouwestroom op een andere plaats op de boeg.

A14. ms SCHINKELSTROOM 1961-1962

Ex ms *Ambiorix*.
Roepnaam: PCOK (Als *Schinkelstroom* roepnaam PHJU).
Eigenaar: Sonaco S.A. (Plouvier Maritime S.A.) te Antwerpen (België).
Werf: N.V. Scheepswerven v/h Gebr. van Diepen te Waterhuizen.
Bouwnummer: 906.
Bouwjaar: 1948.
Brt 499, Netto 214 ton, Draagvermogen 794 ton.
Afmetingen: Lengte o.a. 59,34 m. (Lengte l.l. 56,93 m.) Breedte 9,24 m. Holte 3,38 m.
Machine: 4 tew, 8 cil. Werkspoor diesel, fabrikaat Werkspoor N.V. te Amsterdam.

Machinevermogen: 600 rpk.
Snelheid: 10 zeemijl per uur.
2 dekken (open shelterdek en hoofddek), 2 masten, 4 laadbomen, 2 ruimen.
2 reddingsboten.
Het schip heeft aanvankelijk een zwarte romp, later een grijze romp.

Links: Als Schinkelstroom op de Theems.

Na de charterperiode werd ze herdoopt in Viking.

24-07-1948	Te water gelaten als *Ambiorix* voor "Sonaco" de Navigation et de Commerce S.A.te Antwerpen.
23-11-1948	Proefvaart, en opgeleverd aan de rederij.
17-10-1954	Overgedragen aan N.V. Motorschip "Maraboe" te Rotterdam (Managers N.V. "Vola" Transport-Maatschappij te Rotterdam), en niet herdoopt.
25-11-1956	In het Kieler Kanaal tijdens een sneeuwstorm in aanvaring gekomen met het Oost-Duitse ms *Rostock* (1953) en gezonken, 1 bemanningslid komt hierbij om het leven.
12-12-1956	Gelicht en naar Hamburg (Duitsland) gesleept voor reparatie.
12-1956	Na reparatie weer overgedragen aan de eigenaar, en weer in de vaart gebracht.
11-06-1957	Overgedragen aan N.V. "Vola" Transport-Maatschappij te Rotterdam, en niet herdoopt.
23-07-1961/ 08-1962	Charterperiode H.S.M., en herdoopt in *Schinkelstroom*. Het schip wordt ondermeer ingezet op de Londen-dienst.
19-02-1962	Verkocht tijdens de charterperiode aan Maarten Moerman & J.E. Oosterwaal te Rotterdam, en niet herdoopt.

Onder: De Schinkelstroom werd ondermeer ingezet op de Engelse hoofdstad.

08-1962	Herdoopt in *Viking*. (Managers Rotterdamse Bevrachtings & Scheepvaart Maatschappij N.V. te Rotterdam.)
09-1964	Overgedragen aan Maarten Moerman te Rotterdam, en niet herdoopt. (Managers Rotterdamse Bevrachtings & Scheepvaart Maatschappij N.V. te Rotterdam.)
19-11-1965	Verkocht aan Aldo Scotti te Savona (Italië), en herdoopt in *Laura Scotti*.
08-03-1967	Tijdens een reis van Leixoes (Portugal) naar La Spezia (Italië) in de monding van de Taag (Portugal), na het overgaan van de lading ijzererts gekapseisd en door de bemanning verlaten. Later is het schip na een explosie bij Costa da Caparica beach (zuidwesten van de Taagmonding) gezonken. Bij de ondergang van het schip komt 1 bemanningslid om het leven.

A15. ms DINKELSTROOM 1967-1967

Ex ms *Deo Gratias*.
Roepnaam: PDOW, vanaf 1967 PDPB (Als *Dinkelstroom* roepnaam PDQE).
Eigenaar: J.&H. Boll te Heiloo.
Werf: N.V. Maatschappij tot Exploitatie van de Scheepswerf & Machinefabriek "Holland-Nautic" N.V. te Haarlem.
Bouwnummer: 1326.
Bouwjaar: 1954.
Brt 398, Netto 174 ton, Draagvermogen 608 ton.
Afmetingen: Lengte o.a. 58,43 m. (Lengte l.l. 54,65 m.) Breedte 9,08 m. Holte 3,05 m.
Machine: 4 tew, 8 cil. Brons diesel, fabrikaat N.V. Appingedammer Brons Motorenfabriek te Appingedam.
Machinevermogen: 500 rpk .
Snelheid: 10.5 zeemijl per uur.
Uitgerust met een koelinstallatie.
2 dekken (open shelterdek en hoofddek), 1 mast, 4 laadbomen, 1 ruim.
De laadbomen zijn later verwijderd.
2 reddingsboten.

Als Deo Gratias in een Engelse haven.

30-09-1953	Te water gelaten.
11-01-1954	Proefvaart, en opgeleverd als *Deo Gratias* aan Joh & Hinds Boll te Winsum (later te Heiloo). De thuishaven is Delfzijl. (Managers Wijnne & Barends Cargadoors- en Agentuurkantoren N.V. te Delfzijl.)
11-03-1967/ 27-10-1967	Charterperiode H.S.M., en herdoopt in *Dinkelstroom*. Het schip wordt ingezet op verschillende lijndiensten.

Varend langs de zuidoostkust van Engeland.

Als Dinkelstroom opvarend naar Amsterdam.

27-10-1967 Overgedragen aan de eigenaar en als *Deo Gratias* weer in de vaart.
1968 Gecharterd door Wm. H. Müller & Co. N.V. te Rotterdam, en niet herdoopt.
07-07-1973 Verkocht aan Copper Shipping Co. Ltd., te Famagusta (Cyprus), later thuishaven Limassol (Cyprus), en herdoopt in *Leandros L.*
1980 Verkocht aan Samer Shipping Co. Ltd., te Famagusta, en herdoopt in *Zafar Ishreb.*
1980 Herdoopt in *Zafiri.*
1980 Door de bemanning verlaten en naar Limassol gesleept. Het schip zou toen verkocht worden, maar dit werd afgeketst.
1982 Verkocht aan Ahlan Shipping Co. Ltd., te Limassol, en herdoopt in *Greenland.*
1995 Wordt niet meer in het Lloyd's Register vermeld.

A16. ms ZAANSTROOM 1969-1974

Ex ms *Rosita Maria.*
Roepnaam: Zowel *Rosita Maria* als *Zaanstroom*, DKBL.
Eigenaar: Otto Nagel te Lübeck (Duitsland).
Werf: J.J. Sietas Schiffswerft G.m.b.H. & Co. K.G. te Hamburg (Duitsland).
Bouwnummer: 629.
Bouwjaar: 1969.
Brt 499, Netto 339 ton, Draagvermogen 1236 ton.
Afmetingen: Lengte o.a. 73,88 m. (Lengte l.l. 67,66 m.) Breedte 10,82 m. Holte 5,82 m.
Machine: 4 tew, 8 cil. Deutz diesel, fabrikaat Klöckner-Humbolt-Deutz te Keulen (Duitsland).
Machinevermogen: 1320 rpk.
Snelheid: 12.5 zeemijl per uur.
2 dekken (shelterdek en hoofddek), 1 seinmast, 1 ruim
1 reddingsboot.

De Zaanstroom in het Noordzeekanaal in april 1969.

Onder: Tijdens de charterperiode op de Holland Container Line bleef ze onder Duitse vlag varen

Rechtsonder: De Zaanstroom verlaat IJmuiden op weg naar zee

05-03-1969	Te water gelaten als *Rosita Maria* voor Otto Nagel te Lübeck.
22-03-1969	Proefvaart, en opgeleverd aan de rederij als *Zaanstroom*.
25-03-1969/ 25-06-1974	Charterperiode H.S.M. als *Zaanstroom*. Het schip vaart onder Duitse vlag. De *Zaanstroom* neemt de dienst Amsterdam-Felixstowe (Engeland) v.v. (Holland Container Line) over van de *Eemstroom*.
26-06-1974	Overgedragen aan de eigenaar, en herdoopt in *Rosita Maria*.
1975	Verkocht aan Partenreederei M.S. Frank Friesecke (Managers Reederei Adalbert Friesecke) te Hamburg, en herdoopt in *Frank Friesecke*.

De gecharterde Zaanstroom varend in het Noordzeekanaal ter hoogte van de pont bij Velsen-Zuid.

De Munte op proefvaart.

De Hontestroom te Par op 28 oktober 1973 bijna droog liggend vanwege het getij, wachtend op een lading China klei.

18-09-1957	Te water gelaten.
18-11-1957	Proefvaart, en opgeleverd als *Munte* aan Jan Bont te Haren. (Managers " Carebeka" N.V. te Groningen.)
04-09-1973/	
27-06-1974	Charterperiode H.S.M., en herdoopt in *Hontestroom*. (Manager J. Bont te Haren.) Het schip wordt ingezet op de lijndiensten en open markt.
11-03-1974	Tijdens de charterperiode verkocht aan Rederij Viking C.V.o.A. (J.C. Moerman) te Willemstad (Nederlandse Antillen), en niet herdoopt.
27-06-1974	Verkocht aan Kustvaartbedrijf Moerman (J.C. Moerman) (Managers Spedico B.V. te Rotterdam), en herdoopt in *Procyon*.
30-06-1976	Verkocht aan Partenreederei m.s. Pamir II (Managers Rhein-Maas und See-Schiffahrts Kontor G.m.b.H. te Emden (Duitsland)), en herdoopt in *Pamir II*.
01-1985	Het schip is onderweg van Requejada (Spanje) naar Seaham (Engeland), met een lading kunstmest. Door onbekende redenen loopt de machinekamer vol water.
12-01-1985	De bemanning verlaat het schip ter hoogte van Flamborough Head (oostkust van Engeland).
12-01-1985	Aankomst te Hull (Engeland), op sleeptouw door de Britse sleepboot *Lady Elisabeth* (1981).
02-1985	Verkocht voor sloop aan Albert Draper & Son te Hull.
22-02-1985	Aankomst in het Victoria Dock te Hull om daar gesloopt te worden.

Als Hontestroom in het Engelse Kanaal.

A21. ms VLIESTROOM 1973-1974

Ex ms *Wijmers*.
Roepnaam: PISD (Als *Vliestroom* roepnaam PIHJ en onder de vlag van de Nederlandse Antillen PJUH).
Eigenaar: Rederij m.s. Wijmers (J. Bont & anderen) te Haren.
Werf: N.V. Scheepswerf "Foxhol" v/h Gebr. Muller te Foxhol.
Bouwnummer: 103.
Bouwjaar: 1958.
Brt 496, Netto 275 ton, Draagvermogen 786 ton.
Afmetingen: Lengte o.a. 56,70 m. (Lengte l.l. 53,49 m.) Breedte 8,96 m. Holte 3,54 m.
Machine: 4 tew, 8 cil. Brons diesel, fabrikaat N.V.Appingedammer Brons Motorenfabriek te Appingedam.
Machinevermogen: 500 rpk.
Snelheid: 10 zeemijl per uur.
1 dek (verhoogd achterdek), 2 masten, 2 laadbomen, 1 ruim.
2 reddingsboten, later 1 reddings/werkboot.

Na de proefvaart maakte de Wijmers een tochtje met genodigden.

Linksboven: De Wijmers in het Engelse Kanaal.

Boven: Als Vliestroom ontdaan van laadbomen.

Links De gecharterde Vliestroom passeert de Hemburg in het Noordzeekanaal bij Zaandam.

19-02-1958	Te water gelaten.
17-05-1958	Proefvaart, en opgeleverd als *Wijmers* aan Rederij m.s. Wijmers (Jan Bont & anderen) te Haren (Managers " Carebeka" N.V.) te Groningen.
12-10-1973/ 05-1974	Charterperiode H.S.M., en herdoopt in *Vliestroom*. (Manager Jan Bont te Haren.) Het schip wordt ingezet op de lijndiensten en open markt.
12-03-1974	Tijdens de charterperiode verkocht aan Rederij Viking C.V.o.A. (J.C.Moerman) te Willemstad (Nederlandse Antillen), en niet herdoopt.
05-1974	Verkocht aan Kustvaartbedrijf Moerman (J.C. Moerman) (Managers Spedico B.V.) te Rotterdam, en herdoopt in *Viking*.
09-07-1974	Verkocht aan D.J.O. Graham, M.M. Sharp & N.C. Tibbles te Londen (Engeland), en herdoopt in *Benlow Viking*.
12-1976	Verkocht aan St. Swithins Shipping Co. Ltd. (Managers Clifford A.L. Clark & Partners Ltd.) te Londen, en niet herdoopt.
1978	Verkocht aan Marine Management Corp. te Singapore (Manager Marico Shipping Ltd., te Londen), en herdoopt in *Lek Viking*.
1979	Herdoopt in *Viking*, (Managers Arcom Shipping Management Ltd.) te Panama. Het schip staat geregistreerd in Panama.
1984	Verkocht aan Warrior Shipping Inc., te Panama (Managers Marimed Shipping Ltd., te Londen), en niet herdoopt. Het schip staat geregistreerd in Panama.
17-03-1984	Aangehouden nabij het eiland Stromboli (Italië), door de Italiaanse kustwacht en geëscorteerd naar Messina (Italië), en aan de ketting gelegd. Het schip wordt opgebracht omdat het een niet goedgekeurde lading wapens en munitie aan boord heeft. Het schip is later door de hoofdrechtbank van Messina vrijgegeven, en de eigenaar en bemanning vrijgesproken.
04-1992	Nog liggend te Messina voor sloop verkocht. (Het schip heeft geen eigenaar meer)
02-1994	Aanvang sloop.
07-1994	Sloop voltooid.

A22. ms VECHTSTROOM 1973-1974

Ex ms *Ostend Express*.
Roepnaam: Zowel *Ostend Express* als *Vechtstroom*, DKPG.
Eigenaar: Skandinavia Frachtschiff Reedereiverwaltungs G.m.b.H. & Co. te Lübeck (Duitsland).
Werf: Trondhjems Mekaniske Verksted Aker Trondelag A/S. te Trondheim (Noorwegen).
Bouwnummer: 632.
Bouwjaar: 1972.
Brt 567, Netto 253 ton, Draagvermogen 967 ton.
Afmetingen: Lengte o.a. 91,90 m. (Lengte l.l. 85,27 m.) Breedte 15,02 m. Holte 8,31 m.
Machine: 2 x 4 tew, 9 cil. Normo diesels, fabrikaat Normo Gruppen A/S te Bergen (Noorwegen).
Machinevermogen: 2700 rpk.
Snelheid: 14 zeemijl per uur.
2 dekken, RoRo (open shelterdek en tussendek) 1 seinmast, 1 ruim, 2 schoorstenen.
2 reddingsboten.

Als Ostend Express varend in het Noordzeekanaal in november 1973.

Boven: Als Vechtstroom, nog voor de verbouwing.

Rechtsboven: Als Vechtstroom met thuishaven Lübeck.

Rechts: Het dekhuis is doorgetrokken.

02-1972	Te water gelaten.
05-1972	Opgeleverd als TM RoRo- schip voor Skandinavia Frachtschiff Reederei-verwaltungs G.m.b.H. & Co. te Lübeck. (Manager Bauer & Hauschildt K.G. te Hamburg) Het schip zou aanvankelijk *Lubeck* gaan heten, het wordt echter als *Ostend Express* gedoopt.
05-1972	Vaart in charter voor Handels- en Scheepvaart Onderneming Vroon B.V. te Breskens, en niet herdoopt.
14-11-1973/ 18-03-1974	Charterperiode H.S.M. eerst als *Ostend Express*. Het schip wordt speciaal ingezet (naast de *Amstelstroom*) voor de dienst Amsterdam-Grimsby (Engeland), (Hull-dienst). Het vaart onder Duitse vlag.
12-1973	Herdoopt in *Vechtstroom*. Het vaart onder Duitse vlag.
1974	Tijdens de charterperiode dekhuis verbouwd, en doorgetrokken.
18-03-1974	De Hull-dienst wordt gestaakt.
03-1974	Vanaf deze datum vaart het schip in charter voor de Koninklijke Nederlandsche Stoomboot Maatschappij N.V. te Amsterdam, ter voortzetting van de dienst van Amsterdam naar Hull-Grimsby, onder de naam Continuk Line. Niet herdoopt. Het vaart onder Duitse vlag.
18-05-1978	Overgedragen aan Skandinavia Frachtschiff Reederei-verwaltungs G.m.b.H. & Co. (Manager Bauer & Hauschildt K.G.) te Hamburg (Duitsland), en herdoopt in *Michel*.
06-06-1979	Verkocht aan Küstenschiffahrt Bauer & Hauschildt K.G. te Hamburg, en herdoopt in *Transit*.
19-09-1980	Verkocht aan Sol Navigation Company Ltd., te Limassol (Cyprus), en herdoopt in *Sol Georgios*.
1982	Verkocht aan Sol Island Navigation Company Ltd., te Limassol, en niet herdoopt.
05-1986	Verkocht aan Dirigent Shipping Company Ltd., te Limassol, en herdoopt in *Transit*.
1986	Verkocht aan Ibn Al-Zain Trading te Limassol, en herdoopt in *Summer*.
1987	Verkocht aan Ibn Al-Zain Establishment & Mansourah Establishment Ltd., te Limassol, en niet herdoopt.
1988	Verkocht aan Al Mansourah Establishment te Limassol, en niet herdoopt.
1989	Verkocht aan Al-Dajani Establishment Ltd. (Al Mansourah Establishment), te Limassol, en herdoopt in *Al Mansourah*.
1992	Verkocht aan Al-Dajani Establishment Ltd., te San Lorenzo (Honduras), en herdoopt in *Fawziah*.
1999	Volgens Lloyd's Register Supplement heeft het schip geen eigenaar, thuishaven, vlag en roepnaam meer.

De Vechtstroom varend in charter van de K.N.S.M.

*De Zaanstroom afge-
meerd in de Middensluis
in IJmuiden.*

10 *Schepen in beheer voor de Nederlandse regering te Londen*

Ships placed under direct management for the Dutch government in London

ms STARKENBORGH 1942-1946

Roepnaam: PHSM.
Zie nr. 50. *Spaarnestroom* (II) Roepnaam: PHXP.

De Starkenborgh met de Eemstroom in een winters sfeertje in de Binnenhaven.

sst DOORMAN 1944-1945

Roepnaam: PDRO.
Werf: Goole Shipbuilding & Repairing Co. Ltd., te Goole (Engeland).
Bouwnummer: 361.
Bouwjaar: 1941.
Brt 859, Netto 362 ton, Draagvermogen 889 ton.
Ladingtanks van 849,5 m^3.
Na de verbouwing van 1952: Brt 889, Netto 392 ton, Draagvermogen 1180 ton.
8 Ladingtanks.
Afmetingen: Lengte o.a. 59,88 m. (Lengte l.l. 57,58 m.) Breedte 9,57 m. Holte 4,27 m.
Na verbouwing in 1952: Lengte o.a. 67,92 m. (Lengte l.l. 61,93) Breedte 9,57 m. Holte 3,98 m.
Machine: 3 cil. triple expansie stoommachine, fabrikaat Amos & Smith Ltd. te Hull (Engeland).
Machinevermogen: 750 ipk.
Snelheid: 9 zeemijl per uur.
In 1954 voorzien van een 4 tew, 6 cil. M.A.N. diesel (bouwjaar 1944), fabrikaat Maschinenfabrik Augsburg-Nürnberg A.G. te Augsburg (Duitsland).
Machinevermogen: 1000 rpk.
Snelheid: 10 zeemijl per uur.

In 1965 voorzien van een 4 tew, 6 cil. Deutz diesel, fabrikaat Klöckner-Humboldt-Deutz A.G. te Keulen (Duitsland).
Machinevermogen: 1000 rpk.
Snelheid: 10 zeemijl per uur.
1 dek, 1 mast, 1 laadboom, 1 dekkraan.
2 reddingsboten.

De Doorman, op de foto varend voor Phs. Van Ommeren, voldeed niet.

Als Flandria in Engelse wateren.

28-08-1941	Te water gelaten.
12-1941	Opgeleverd als *Empire boy* (type Empire Coaster) voor het Ministry of War Transport (Managers F. T. Everard & Sons) te Londen (Engeland).
15-12-1942	Aangekocht te Londen door de Nederlandse Regering, en herdoopt in *Doorman* (in beheer bij Phs. Van Ommeren London Ltd.). Het schip is ingezet op de havens in Engeland. Het zou aanvankelijk de naam *Groningen* krijgen.
1944	Beheer overgedragen aan de H.S.M. en niet herdoopt. Het schip is gestationeerd te Freetown (Sierra Leone), en doet daar dienst als waterboot.
1945	Beheer overgedragen aan N.V. Phs. Van Ommeren's Scheepvaartbedrijf te Rotterdam, en niet herdoopt

Met de schoorsteenkleuren van Verenigde Tankkustvaart naast de Frisia liggend aan de Parkkade in Rotterdam.

1945	Na de Tweede Wereldoorlog vaart de *Doorman* veelal op de Franse kust voor de Franse dochter rederij Société d'Armement Fluvial et Maritime (Soflumar) te Rouen (Frankrijk).
30-04-1946	Vertrekt van Rotterdam naar Oran (Algerije), waarna het dienst doet tussen havens aan de Middellandse Zee.
24-04-1947	Verkocht aan N.V. Phs.Van Ommeren's Scheepvaartbedrijf te Rotterdam, en niet herdoopt.
05-1947	Het schip keert te Rotterdam terug, en wordt overgedragen aan N.V. Maatschappij Zeeschip "Flandria" (N.V. Phs.Van Ommeren's Scheepvaartbedrijf) te Rotterdam, en herdoopt in *Flandria*.
10-1948	Overgedragen aan N.V. Verenigde Tankkustvaart te Rotterdam, en niet herdoopt. (56% N.V. Phs. Van Ommeren's Scheepvaartbedrijf te Rotterdam)
30-04-1951	Verkocht aan Ulrich Thomas (Manager S. Stein K.G.) te Hamburg (Duitsland), en niet herdoopt.
06-1951	Herdoopt in *Alice*.

Als Alice onder Duitse vlag.

12-01-1952/ 21-02-1952	Verlengd, en gemoderniseerd bij Norder Werft Köser & Meyer te Hamburg. Voorzien van een nieuwe moderne schoorsteen en 2 masten.
1952	Verkocht aan Bauermann & Metzendorff G.m.b.H. te Hamburg en herdoopt in *Hammonia*.
03-1954	Verkocht aan Regia Reederei & Handels-Gesellschaft G.m.b.H. (Managers Olea- Tankschiff G.m.b.H.) te Hamburg en herdoopt in *Petra*.
05-1954/ 08-1954	Voorzien van een nieuwe M.A.N. diesel.
04-1957	Verkocht aan Rex Bauermann (Managers Olea-Tankschiff G.m.b.H.) te Hamburg en niet herdoopt.
07-1962	Verkocht aan Umberto Foresi te Livorno (Italië), en herdoopt in *Anny*.
1963	Verkocht aan Vittorio Rossetti te Livorno en niet herdoopt.
1965	Voorzien van een nieuwe Deutz diesel.
1971	Nieuwe thuishaven Cagliari, Sardinië (Italië) en door de eigenaar herdoopt in *Tosco*.
1975	Verkocht aan Tosco Sarda di Navigazioni SpA. te Cagliari en niet herdoopt.
16-06-1975	Verkocht voor sloop aan Decomar te La Spezia (Italië).
10-1975	Aanvang sloop.

Als Petra oogde het tankertje wat moderner.

06-1952	Te water gelaten als directiemotorboot.
06-08-1952	Opgeleverd aan de H.S.M.
28-03-1969	Verkocht aan J.A. van Hamburg te Spijkenisse en niet herdoopt.
23-11-1970	Voorzien van een nieuwe motor.
13-09-1971	Verkocht aan A.C.H. van Peski te Rotterdam en herdoopt in *FIX 12*.
19??	Herdoopt in *FIX XII*
21-05-1990	Verkocht aan Wed. L.R. de Rijke-Khüner te Beneden Leeuwen en niet herdoopt.
04-11-1996	Verkocht aan M. Verhaar te Oegstgeest. Volledig verbouwd en herdoopt in *Hollandia*.
06-2004	Nog in de vaart als recreatieboot.

De Hollandia als plezierVaartuig weer in de vaart.

ms BRITANNIA (III) 1954-1971

Werf: Cammenga's Jacht en Scheepswerf te Zaandam.
Bouwnummer: 277.
Bouwjaar: 1954.
Tonnage: 8.2 m^3, 3 ton.
Afmetingen: Lengte 16,52 m. Breedte 4,03 m. Holte 1,75 m. Diepgang 1,20 m.
Machine: 2 tew, 3 cil. Kromhout diesel, N.V. Fabrikaat Kromhout Motorenfabriek te Amsterdam.
Machinevermogen: 120 rpk.
Machine vanaf 1972: 2 tew, 8 cil. Deutz diesel, Fabrikaat Klöckner-Humboldt-Deutzmotoren A.G. te Keulen (Duitsland).
Machinevermogen: 155 rpk.

De Britannia liggend in het Westerdok in Amsterdam voor de verbouwing.

07-1954	Te water gelaten als motorsleepboot (type Amsterdammer).
27-08-1954	Opgeleverd aan de H.S.M.
01-09-1954	Indienststelling.
30-08-1971	Verkocht aan N.V. Sens te Amsterdam en niet herdoopt.
1972	Voorzien van een nieuwe motor.
12-06-1980	Verkocht aan J. Snippe te Amsterdam. Volledig verbouwd en niet herdoopt.
05-2004	Wordt te koop aangeboden als recreatieboot.

Boven: De verbouwde Britannia bij de Oranjesluizen in 1989.

Rechtsboven: De zonnetent wordt gemonteerd op de Britannia

Een mooie plaat van de vroegere Britannia varend in een Fries kanaaltje.

HOLLAND WEST-AFRIKA LIJN

HOLLAND WEST-AFRIKA LIJN N.V.
Hoofdkantoor, Spui 10 A, Amsterdam-C.
Etablissementen: Holl. Stbt. Mij., Handelskade.

Regelmatige passagiers- en vrachtdiensten van Amsterdam naar Brits- en Frans-West Afrika, Liberia, Frans Equatoriaal Afrika, Belg. Congo en Angola, via Antwerpen en Bordeaux.

H. W. A. L.

S.S. „MAASKERK"